分子は旅をする

～空気の物語

物語編

はじめに

「この本を読んでいる読者の肺には、しばらく前に他人が呼吸した分子が 4×10^{19} 個も入っており、そのうちの1個がジュリアス・シーザーの最期の吐息に入っていた可能性が極めて高い」

『実感する化学』（Chemistry in Context）というアメリカ化学会が編集した一般大学生向けの教科書がある。持続可能性を持つ社会の実現を目指したすばらしい本であるが、これはその上巻「地球感動編」（廣瀬千秋訳、NTS出版、2015年）の記載である。

そして、考察問題として「この結論は、いくつかの仮定と計算に基づいて得られている。その内容を推定しなさい」と投げかけている。

シーザー（ラテン語カエサル）の最後の吐息の中には 2×10^{22} 個の空気の分子があり、紀元前44年から今日までの2060年の間に、大気中にある総数 10^{44} 個の分子に薄められていって、読者一人ひとりのもとまで辿り着いた。

私たちは、この解答を導くにあたり、シーザー由来の分子はただ漫然と薄められてきたわけではなく、それぞれの成分分子における大気中の平均滞留時間に見合った、いくつものできごとに遭遇して

いることに思いを馳せた。

　シーザーの口から分子が出た当時、空気は元素の一つであるという考えが受け入れられていた。それから十数世紀もの長きにわたり、空気の正体は謎のままだったが、窒素、酸素、水蒸気、アルゴン、二酸化炭素などの混合物であることが分かり、役割が時間をかけて明らかにされてきた。その歴史を追ってみる必要があると感じた。

　こうして、科学的にも合理的と考える本書の「解説編」ができ上がった。解説編には史実に立脚した物語がふんだんに含まれていることから、引き続いて中学生を読者に想定し、空気分子の目線に立った「物語編」を書くこととした。「物語編」と「解説編」の各章は対応している。「物語編」で想像力を鍛え、「解説編」で理解と知識を深めて欲しい。

　空気は最も身近な存在であるが、「空気っていったい何なんだ」という質問も多い。文部科学省のいう総合的学習またはアクティブ・ラーニング（学修者の能動的な学修、例えばディベートや討論への参加を取り入れた新しい教授・学習法）の格好の題材であると考える。これによって科学への関心を高め、理系志望の生徒の増加にもつながることに貢献できれば望外の喜びである。

岩村　秀

サイエンスの旅の主人公たち

生きものと空気

生き物の「からだ」は、たくさんの分子でできている。

生き物が何かを食べると、食べ物の分子はからだの新しい分子になる。

からだの古い分子は、からだの外に出る。

呼吸、蒸発、発汗、排泄などで、からだの外に出る。

外に出ると空気分子と混ざり合う。

空気分子と外に出たからだの分子は、少しずつ混ざり合う。

空気分子も、元はからだの分子だった（注1）。

からだの分子も、元は空気分子だった（注2）。

食べ物も、元は空気分子やからだの分子だった。

地球をとりまく空気とからだ

40億年前に生命が誕生して以来、植物をはじめ動物や昆虫や微生物まで、生命の営みで各からだはばらばらになり、空気中で混じり合い、空気として吸ったり吐いたり（呼吸）している。

また、栄養素を酸化し、水分子と二酸化炭素分子を空気中に送り出す。

46億年前の地球創生の頃、空気分子に生き物のからだの分子は含まれていなかった。

40億年も経てば、空気分子に生き物のからだの分子でなかったものは少なくなる。

40億年の中で、生命のない星では生まれにくい酸素分子が満ちた青い星に変っていったので、

地球は生命の惑星といわれている。

生き物では、出るからだと来るからだをくり返し、

空気中では、出ると来るの分子の流れが混じり合い

生命の誕生と破壊をくり返す。

18世紀まで、地球という舞台での混じり合いは、

太陽と風などの自然の力が主な役どころを担っていた。

流通する空気とからだ

18世紀になると、その役どころに蒸気機関のある工場が加わった。

空気分子とからだの分子は、ピストンの中で混じり合った。

20世紀になると化学肥料が発明され、

窒素は工場から流通に乗り、植物のからだにになった。

その役どころに、火力発電所や自動車が加わった。

そこから出た排気ガス（二酸化炭素）は外に出て、

生き物のからだを出入りする二酸化炭素分子に混じり合い、

地球を覆い、温暖化問題が生まれた。

肥料分子も、排気分子も、元は空気分子だった。

肥料分子も、排気分子も、元は生き物のからだの分子だった。

来るからだの分子と出るからだの分子が混じり合う選択肢は大きく増えた。

大気は、空気とからだの分子による

生命の秩序を生産する工場としてそこにある。

工場には窒素分子・酸素分子・二酸化炭素分子・アルゴン他が、

生命の誕生と流通のためにそこにある。

007　サイエンスの旅の主人公たち

空気分子は、生命を生産するからだの分子の流通在庫としてそこにある。

その工場の生命ー秩序の生産機械の名称は、

それぞれ酸化・還元、光合成、吸着、循環などと呼ばれる。

考えるヒント

2060余年前、カエサルという一人の人間が死を迎えた。

空気分子と混じり合ったカエサルのラストブレスの分子には、

21世紀の現在まで巡り着くものがあるという。

その間、分子たちはどこで何をしてきたのだろうか。

空気分子として、あるいはほかの生き物のからだの分子として、

あるいは物質に固定されるかしてきた。

その経路を辿ってみたくはならないだろうか。

本書の物語は、そのスペクタクルな運命を

想像に科学的考察を交えながら辿るものである。

現実の世界では、物語の主人公はカエサルだけでない。

古今東西、植物も、動物も、昆虫も、微生物も、

生き物全てが経験する物語でもあるのだ。

もちろん、君も、私も。

今も昔も、これからも。

注1　空気分子アルゴンは元からだの分子ではなかった。
注2　骨などの無機質は元空気分子ではなかった。

吉田　隆

物語編

目次

君たちへ ……… 11

第1章　酸素分子、旅に出る ……… 15

第2章　いろいろな世界を巡る ……… 23

第3章　世界はさらに広がる ……… 31

第4章　正体が暴かれる ……… 43

第5章　近代化という過酷な環境の中へ ……… 59

第6章　窒素分子の活躍と宇宙への旅 ……… 71

第7章　僕たち分子とは何か ……… 81

おわりに　人間との優しい関係を探して ……… 89

監修＝岩村 秀
文＝吉田 隆

君たちへ

その日、僕たちは突然、旅をすることになった。

ローマ建国紀元（注3）709年（西暦紀元前44年）3月15日。歴史を動かすあの大事件が起きたからだ。事件現場はポンペイウス劇場に隣接する元老院議場の列柱廊である。共和制ローマの独裁官が刺殺されたのだ。その名はガイウス・ユリウス・カエサル（英語ジュリアス・シーザー）。帝政ローマの礎を築き、欧州では「皇帝」（カイザー、ツァーリ）の語源にもなった人物である。1年を365日とする太陽暦（ユリウス暦）を制定し、カレンダーの7月（JULY）には今もその名が残る。事件は、そんなカエサルが名実ともに真の独裁者となることを恐れた、一部の元老院議員の仕業だった。

今際にカエサルは、腹心だったマルクス・ブルトゥス（英語ブルータス）が暗殺計画に加わっていた裏切りを知り、「ブルトゥス、お前もか」と叫んだ。そして力尽き事切れ、最後の一息を吐いた。

その中に、僕はいた。僕は、酸素の分子だ。そして僕たち空気の分子は、その時、カエサルの口から飛び出し、旅を始めた。

分子が旅をすると言われても、初めは実感できないかもしれない。人間は行きたい場所を選んで、乗り物に乗り、旅をする。僕たちの旅に目的地はないけれど、僕たちの旅がなかったら、人間は旅することも、生きていくこともできない。それなのに、この世の全てを人間が掌握しているかのような様子を見て、僕たちは時々、孤独になる。人間が僕たちを感じてくれるようになれたら、世界はもっと輝き、つながるはず。僕たちの旅の物語を、そんな世界への扉として感じて欲しい。

空気は目には見えないけれど、決して「空っぽ」なわけじゃなく、そこには地球が誕生してから現在まで、消えることなく存在するたくさんの粒がある。これ以上分けることができない、小さな、小さな粒で、この世を構成している全てのものに存在している。

化学者はその粒を「原子」と命名した。そして原子が何個か手をつないだものを「分子」と呼んだ。

はじめに　君たちへ　012

空気が空っぽなのではない、ということは古くから考えられていた。僕たちがこの旅に出るより前に、ギリシャではアリストテレスという哲学者が、万物の元は「空気」と「火」「水」「土」の四元素から成るという四元素説をすでに唱えていた。目に見えない空気を元素の一つと考えるとは、さすが哲学者だ。

とはいえ、分子が「旅をする」ことが人々の間で語られるようになったのは、つい最近のことだ。西欧の化学の授業では、「シーザーのラストブレス（最後の一息）」という興味深い挿話の中で取り上げられている。

ラストブレスに含まれる分子の数がどれほどなのか、想像できるだろうか。

肉眼では決してとらえることができない小さな粒状の分子がその時、およそ200垓、別の書き方をすると2×10^{22}個、カエサルの口から飛び出した。

そのうちの何分子かが、ブルトゥスをはじめとした暗殺者たちが吸う息の中に入って行った。残ったものは、塊となって吹き抜けた一陣の風によって運び去られ、長い歳月を経て、あまねく広がっていった。その中に僕はいた。

地球上の大気中には、分子はおおよそ1載個、つまり10の44乗（10^{44}）個存在する。カ

エサルの口から出た仲間たちはほかの分子と合わさり、どんどん薄められていった。

そして今日、世界中どこにいても人が息をすると、その吸う息（吸気）の中に「少なくとも1個のカエサル由来の分子が含まれている」と試算されている。

ともかく僕はこうして、君のいるところまで到達することができた。

多くの空気分子は紀元前44年から現在まで、何かに捕まることも、遮られることも、何かの一部になることもなく、幸運にも自由に動き回り、ここまで辿り着くことができた。道すがら、さまざまな出来事が待ち構えていて、変身を余儀なくされたり、ここまで辿り着けなかった仲間もいる。だから僕はとても幸運だったと思う。

これは、2000年以上にわたり、僕たち分子たちが繰り広げてきた、数奇で不思議な旅の物語だ。どんな道のりだったのか、僕と仲間たちの目を通して紹介したい。時空を超えていく分子の奇想天外な旅をぜひ頭の中で想像ながら読み進めてほしい。

注3　初代ローマ王ロームルスが古代ローマを建国したとされる紀元前753年を元年（紀元）とする紀年法。

はじめに　君たちへ　014

第 1 章

酸素分子、
旅に出る

初めの一歩

まずは、僕、酸素分子が見た旅の話から始めよう。

権勢を誇ったカエサルがあっけない最期を迎えるとは思っていなかったから、不意を衝かれたかたちで僕らの旅は始まった。でも口から外に出た時、僕たちは漫画の吹き出しのように、小さな空気塊となって留まっていた。そこから最初の一歩を踏み出せずにいた。

何につけても、最初の一歩を踏み出すというのは、やっかいなものだ。君たちも宿題を始めるのが億劫になって、そばにあるスマホに手を伸ばしてついゲームにかまけて時間をつぶしてしまうことがあるだろう。それは新しい一歩を踏み出すには、いろいろな抵抗があって、少しの苦労が伴うからだ。

想像しにくいだろうけれど、大気中の空気分子は、高速で飛び回っている。しかも1

立方センチに2.6×10^{19}個もいるので、分子はしょっちゅうぶつかり合っていて、毎秒、5.0×10^{9}回もの衝突を繰り返している。だから独力ではなかなか遠くには行けない。

この衝突を乗り越えるために、より大きな力の助けを借りなければならない。つまり、より大きな力が来たらチャンスは到来というわけで、迷わず踏み出してしまえばいい。

そんなわけで、僕は最初の一歩を踏み出すのにしばらく手間取っていたけれど、折しもそばを吹き抜けた風を利用して、別のもう少し大きな空気塊に乗り移って旅を始めた。

風に乗って外に出てみたら、そこはローマの街の中だった。

カエサルの体内にいたときと様子は一変し、僕もなんだか解き放たれたような心持ちになっていた。市民が生活する様子をのんびり眺めながら、街並みを縫うように、ゆったりゆったり漂っていた。

どれくらいそんな時間を費やしただろうか。春先から吹き始める局地風（地方風とも

いう）のシロッコに乗って地中海を北上し、しばらくして、上空を流れる偏西風に巻き込まれた。すると今度は地球を何周も巡る大きな風の流れに乗っていた。

世界を巡る僕の旅はこうして始まった。僕はローマを発って、長い時を駆け、歴史の一旦を担ってきた。窓から空を見上げて欲しい。そこにはローマを旅した僕と同様に、今もたくさんの分子が旅をし、歴史をつくっている。

僕の旅を辿りながら、君たちにはぜひ、それぞれの旅の様子を頭の中で描きながら読み進めてほしいと思う。同時に、そこには無数の旅の物語があることにも思いを馳せてほしい。

1章 酸素分子、旅に出る｜初めの一歩　018

火山の爆発に巻きこまれる

さて、ローマを離れた僕は、西暦79年8月24日、偏西風から夏の地中海性気候に特徴的な北西風に乗り換えて、ナポリ湾岸を通過しようとしていた。その時、ヴェスヴィオ火山が大爆発を起こした。

火山の噴火では、大小さまざまな岩石や火山灰などが噴出される。火山ガスでは水蒸気の噴出が最も多く、二酸化炭素も多く含まれていた。

大規模な噴火は、新しい分子の仲間を増やした。これまでなかった二酸化硫黄、硫化水素、塩化水素といった新しい仲間が空気分子の世界に加わった。

大気中で僕のすぐ横にいたある水分子は、この爆発で生じた大量の二酸化硫黄に巻き込まれて、硫酸のエアロゾルとなってしまい、しばらく漂っていた。その後は、火砕流で埋めつくされたポンペイという街に向かっていき、酸性雨となってまっしぐらに落ちていった。

僕もつられて、地上に向かって落ちていった。地上が目前に迫ってきたところで、一陣の風が吹いた。とっさに僕は風に乗っかり、あやうく地上に激突するのを免れた。

僕たち酸素は、出会ったものとは仲良くなりたがる性質がある。

何かに近づいたり、変化が起きたりしたときに、すぐに手をつなぎたくなるのが、酸素分子の大きな特徴だ。さまざまなものと手をつなぐことができるので、酸素はほとんどの元素と化合物を作ることができる。身の回りのほとんどのものに酸素が含まれているのは、そのためだ。

でもうっかり手をつなぐと、再び自由な旅に出るのは難しくなってしまう。実はあのとき、僕も地上で手をつなごうとしていた。それは半ば灰に埋もれて横たわる2輪馬車だった。

近づこうとした矢先、風が吹いてきて僕は再び風に乗ることとなった。そんな僕の代わりに馬車に近寄って前夜の雨で濡れた鉄製の車輪を慌ててつかんだ酸素分子がいた。

僕と同じように、彼もふと手をつなぎたくなったのだろう。

鉄と仲良くなる証として、水と一緒に鉄から電子を奪う。そのため彼は、鉄の赤さびとして灰に埋もれたまま、長い時を過ごす羽目になった。こうなったら、もう、自由に動くことはできない。

いつの日か、ローマ帝国の兵士が2輪戦車を掘り起こすのでも待つしかない。きっと人は、2輪戦車を見つけたら錬金術を使ってさびた鉄の精錬をし直すだろうから、酸素を鉄から外してくれるに違いない。

さもなければ、彼が再び空中に戻って自由な旅を続けることは、二度とない。

カエサルの口から一緒に飛び出た仲間は、僕と同じ酸素分子だけでなく、窒素分子や二酸化炭素も含まれていた。

窒素は、呼気の中では酸素の5倍ほど、大気中では4倍弱も数が多いのに、君たち人間は、なかなかその存在に気付くことができなかった。それは窒素の性質が引っ込み思

案であるためだ。だからこの物語でも大人しい窒素に代わって、まず僕が案内役を務めている。でも窒素もまた、生き物にとってなくてはならぬものだから、時が来たら本人たちからゆっくりと話してもらおう。

彼らは皆、空気中に溢れているたくさんの分子と混ざり合って紛れてしまい、どこに行ったのかは分からなくなっていた。

仲間の酸素分子たちはきっと僕と同じように、それぞれの旅先でさまざまな出会いを重ねながら、出会いがあるたびに手をつなぎたい衝動に駆られていることだろう。節操がないと思われるかもしれないけれど、こればかりは性分なので仕方ない。

第 2 章

いろいろな
世界を巡る

酸素を知らない人間の葛藤

実のところ、旅そのものは、カエサルの暗殺より、ずっと前から始まっていた。僕は長く続く旅の途中でカエサルと出会った。カエサルの口から出て来たのも、彼が刺される前に吸った息（吸気）の中に入っていたためだ。そこでは彼の体を巡るという旅があった。

僕はカエサルの鼻から体の中へと入っていった。

あっという間に肺の奥深くの小さな肺胞に達して、毛細血管の中に入った。流れてきたのは、中央がくぼんだ暗赤色の円盤状の赤血球だ。僕はすぐさま飛び乗った。円盤の中にはヘモグロビンという血色素がある。そこでもたもたしていたら、隣にいた酸素分子がヘモグロビンとうまく手をつないだ。とたんに鮮紅色になり、先へ先へと流れて行った。

2章 いろいろな世界を巡る ｜ 酸素を知らない人間の葛藤　024

血管は次第に太くなり、しばらくして再び細くなり始めた。その酸素は辿り着いた先の毛細血管でヘモグロビンと手を離し、そこにあった細胞の糖分や脂肪分と手を結んだ。こうして生じたのが、君たちが筋肉を動かしたり、神経で情報を伝達したりするのに必要なエネルギー源（ATP）だ。

多くの仲間は、人が生きていく上で欠かせないATPを生み出していた。酸素がないと人間が生きていけないのはこのためだ。廃棄物として生じる二酸化炭素は、血液に溶けて静脈血流に乗って肺まで戻って来て、呼気（吐く息）として放出される。これが呼吸というものだ。

でも、吸気中の酸素分子の全部がそううまく働けるものではない。30％ほどは肺胞で最初にヘモグロビンと手を結び損ねる酸素分子もいて、僕はそのひとりだったというわけだ。

酸素と人間はこれほど密接に関わっていながら、人間は長い間、僕たち酸素の存在に気付くことはできなかった。また、酸素という存在が分からないと、人を取り巻く世界は謎だらけになる。

人間にとって目に見えないものを理解するのはたやすいことではなかった。人が生き

ていくために酸素がなくてはならないように、目に見える現象の多くは目に見えないも

のによって支えられている。

この世は誰がどのようにして創ったのか。

人はなぜ生まれ、死ぬのか。

人間は、さまざまな謎を解き明かそうと、考え続けてきた。その時の人間の考えでは思

いもつかない、説明できない不思議な事象が起きると人々は悩み、同時に畏れを抱いた。

そしてこの世の創造主として、人の力を超えてこの世を司る「神」が存在するのでは

ないかと考えるようになった。

はるか昔より、ほとんど全ての文明において、「神」が存在しているのはそのためだ。

人々の心のよりどころとなり、信仰の対象となってきた。

実は「神」を崇める人の営みと僕の旅は無関係ではなかった。

2章　いろいろな世界を巡る ｜ 酸素を知らない人間の葛藤　026

二酸化炭素になる習性

カエサルの口から飛び出てから数世紀の間、僕は空気中を漂いながら長い旅を続けていた。シルクロードのイラン地方を通過するホラーサーン街道の上空に差しかかろうとしたとき、新しいモスクが見えたので、窓から入ってのぞいて見た。

そこでは信者が祈りを捧げていた。その傍らで燃えていたロウソクのそばまで来たとき、燃えるロウソクから蒸発していくロウの分子が所在なげに見えた。ロウソクをともすには酸素が必要だ。またしても僕は手をつなぎたくなった。

近寄ろうとした途端、そばにいたいくつもの酸素分子がすかさず駆け寄った。偶然にもその中に、カエサルの口から飛び出た酸素分子がいた。仲間との再会を懐かしむ間もなく、彼らは僕の代わりに素早く手をつないでみせた。そして、二酸化炭素と水に変わってしまった。

「うわぁ！　二酸化炭素になっちゃったよ」

その口ぶりは、分かっていながら失敗を繰り返した時のものだった。恐らく酸素のま

まで旅を続けたかったのだろう。

「がっかりしないで。聖なる場所で火を燃やすという神々しい行為に貢献した結果なの

だから、考えようによってはすごくクールじゃないか」

そうなぐさめるほかなかった。

ともかくこうして彼らは、二酸化炭素と水蒸気として、しばらくの間ホラーサーンの

空を漂うこととなった。

酸素として生まれたのに二酸化炭素と水に変身するのは心外なのかもしれないけれ

ど、カエサルの口からもたくさんの二酸化炭素が飛び出ていたし、ものが燃えるときに

は必ず起きることであり、僕らにとってお馴染みの存在である。とりたてて不安になる

ことはないことを僕は知っていた。

酸素は、出会ったものとはすぐに手をつなぎたくなるのが習性であることを先に述べ

た。この力はとても強いので、一度に沢山の手がつながれると、火が出ることとなる。

この頃、シルクロードを巡る人間たちの動きは活発になり始めていた。

実感できる自然現象

酸素として生まれながら、二酸化炭素と水に変身することは、僕たちにとっては当たり前といえるほどよくある出来事だ。

言い換えると、風に流されるまま、地球のあらゆる国や場所で時々刻々、火をともし、水と二酸化炭素にめまぐるしく変身を繰り返すことで旅を続けることができた。

その旅は人間から見ると、実感できる自然現象そのものだった。

時代を少し遡る。紀元前5世紀頃（紀元前15～10世紀の説もある）、その現象に天啓を受けた一人がホラーサーンの南、ペルシャの地に生まれた。名をザラスシュトラ（英語名の転写はゾロアスター）、ドイツ語ではツァラトストラという。

彼は、創造主は天空（空気）を創り、続いて水、大地、生き物（人間ほか）、最後に火を創ったと考えた。ロウソクが生まれたのはずっと後だったので、彼の火の思想は祭壇ではなく、自然界で燃え盛る松明から生まれたものと考えられる。

僕がホラーサーンで見たイスラム教のモスクは、ゾロアスター教の拝火寺院が改装された

ものだった。その思想はシルクロードを東に伝わり、中国を経て最後は日本にも伝わった。

その影響の一端を752年（天平勝宝4）より一度も途絶えることなく続く、奈良・東大寺の「修二会」に見ることができる。

旧暦の2月1日（現在は3月1日）から2週間、二月堂の本尊の十一面観世音菩薩に懺悔する儀式である。儀式には井戸の「お香水」を汲み上げ供える「お水取り」があり、行を勤める練行衆の道明かりとして、夜毎、大きな松明とかがり火に火がともされ、参集した人々を沸かせている。ここでの主役は火よりも水で、水の儀式として残ったのが不思議でもある。

人間は、目には見えない僕たち分子の特徴や性質を文化という形で記憶に残しているのだろうか。

人間にとって文化とは、実感できる科学から生まれたといえないだろうか。

第 3 章

世界は
さらに広がる

25億年前、光合成の原型ができる

春先のことだ。僕が地中海を北上してミラノの上空を過ぎようとしていたら、目前にアルプス山脈が迫って来た。そこで南風に押されてしまい、一気に何千メートルも押し上げられると、空気塊は冷えて大量の水分子が集まり、雲となった。さらに雨となり、地上に落ちて地中に浸みこんだ。残りのアルプスを越えた空気塊はフェーン現象により、暑いアルプスおろしの南風となり、山の谷間からスイスの町々や南部ドイツまで吹き荒れた。

ここでは山越えせずに、アルプスの南麓に降った雨の話をしよう。

そこで彼、水分子は、芽吹いていたエンドウ豆の根の小さな穴から吸い上げられ、管を通って、葉っぱへと移動していった。葉っぱの中には空気分子より数万倍大きい凸レンズ状をした葉緑体がある。そこでは葉緑素（クロロフィル）が陽の光をふんだんに受け、次から次へ物質とエネルギーの受け渡しが行われ、新しいものができていく、一大

工場となっている。

葉緑素は、光エネルギーを化学エネルギーに変換する。太陽の光で獲得したエネルギーを使って、水分子は水素イオン（H^+）と電子（e^-）と酸素分子に分解され、その酸素分子が葉っぱの外に吐き出された（明反応）。ロウソクや松明を燃やす営みに参加して水蒸気に変身した酸素分子の仲間たちも、こうしてまた酸素に戻ってくるチャンスがあった。

水素イオン（H^+）は群れとなって、丁度水が水車を回すように、この工場で分子モーターを回し、ATPが作られていた。

分子の旅は、命の旅である。エンドウ豆の葉の気孔からは二酸化炭素が吸収されていた。二酸化炭素は葉緑体に到達すると、先に水分子が分解されて生まれた電子（e^-）とATPの力を借りて、ブドウ糖（$C_6H_{12}O_6$）に変わった（暗反応）。さらにエンドウのつるのセルロースや、豆の身のでん粉（$C_6H_{10}O_5$）n へと変わっていった（糖の合成）。こうして、水分子の一部と二酸化炭素がエンドウ豆に変った。この一連の反応なくして、植物は存在できないし、それを食料とする動物も生きていけないのだ。

033　3章　世界はさらに広がる　｜　25億年前、光合成の原型ができる

この物語の始まった紀元前44年から現在まで、大気中の酸素濃度は21%とほとんど変わっていない。

では、僕たち酸素は初めから地球上にいたのだろうか。

実は、そうではない。

太陽からの紫外線による水と二酸化炭素の直接光分解で酸素ができてはいたけれど、大気中に留まることなく、大部分は海に溶け、鉄の酸化に使われてしまっていた。

変化は、25億年前頃に起きた。

海の浅瀬に藍藻（シアノバクテリア）が繁殖し、太陽光の下でこの微生物が二酸化炭素と水を使って光合成を始め、酸素を有毒な廃棄物として放出し始めたのだ。

エンドウ豆の光合成の原型である。これが長年かけて蓄積し、今日の僕がある。

海水1キロの中に酸素は7・7ミリグラムほど溶けている。その一部は、大気中の酸

素が溶け込んだり、出たりしたものだが、大部分は太陽光がよく通る水深100メート

ル以内に生息している藻類や植物プランクトンが、エンドウ豆と同じような光合成をし

て海の中で生じた酸素である。彼らが同時に魚介類の呼吸を支えている。

これに対し、二酸化炭素は水に溶けると水和して炭酸（H_2CO_3）となる。1キロの海

水に130ミリグラムも溶けている。カルシウムイオンがあると炭酸カルシウムとなっ

て沈殿するので、ますます良く溶けることとなる。

海水温の上昇、塩分濃度の増大、気圧の低下など、条件が変わると、酸素も二酸化炭

素も溶けにくくなり、泡となって大気中に出てくることがある。二酸化炭素分子の炭素

原子には手が2本あり、2個の酸素原子と手をつないでいる。炭素になると、炭素原子

は3個の酸素原子と手を結んでおり、どれが二酸化炭素に元からいた酸素で、どれが水

からきたものか区別できなくなる。炭酸が二酸化炭素と水に戻る際には、ロウソクなど

の燃焼に使われた酸素から来ていた二酸化炭素の酸素原子が水に移ってくることとな

り、水蒸気として大気中に戻ってくることができる。

賢者の石の功績

その後、僕はイギリスを旅した。

当地の哲学者ロジャー・ベーコンは、フランシスコ会の司祭であり、錬金術師でもある。

折しも、万病にきく薬、長寿の薬と貴金属の製造に従事していた。

13世紀のある日、ベーコンはオックスフォード大学の研究室で鉛から金を作ろうとする実験をしていた。

水銀と硫黄の化合物である硫化水銀は赤色をしている。それは「賢者の石」とも呼ばれた。

ベーコンが「賢者の石」に火をつけ、石が燃え始めた時、僕はまたしても懐かしいカエサル由来の酸素分子を見かけた。けれども言葉を交わす間もなく、彼はすばやく水銀と手をつないだ。そして、酸化水銀となった。

この変化は、人々にとって驚くべきものだった。

硫化水銀が燃えると硫黄が蒸発し、後に水銀と酸化水銀（HgO）が残る。酸化水銀は鉛の表面を囲うため、鉛が金色に輝いたからだ。

人々は「鉛が金に変わった！」と声を上げ、これを信じた。

金色に輝く鉛とそれに貢献した仲間の酸素分子は、人間たちから称賛の目で見られ、しばらくの間、ベーコンの実験室で満足な日々を過ごした。ベーコンの死後も「賢者の石」は、実験室の片隅で水銀と手を握り続け、再び自由の身になるまで大学の研究室で数百年の時を待った。こうした実験の蓄積が科学の進歩の先駆けであったことを思えば、人間と僕たち分子の絆に、この酸素分子は大きな役割を果たしたと思う。

ベーコンは近代科学者の先駆けであり、また、錬金術がなければ科学の発達はなかった。分子が大きな足跡を残した時代だが、暗黒の中世とも呼ばれ、僕たちにとって明るい話題ばかりではなかった。

分子は大航海時代を推し進め、伝染病も広めた

カエサルの死から、およそ1500年が過ぎ去ろうとしていた。

僕の旅は続いていた。あるときは偏西風、極東風、局地風だったり、またあるときは凪だったりといった、自由気ままな旅をのんびり続けていた。

ある日、僕たち旅する空気塊の前を大きな船が進んでいたので、一押ししてあげた。

頑丈な大型帆船は、建造技術の進歩と、イスラームを介して伝わった羅針盤のたまものだ。主にポルトガルとスペインのヨーロッパ人たちが乗っていた。大航海時代の到来である。

歴史上有名なところでは、フェルディナンド・マゼランが初の世界一周を成し遂げてマゼラン海峡やフィリピンを、クリストファー・コロンブスが中央アメリカを、ガスパル・コルテ＝レアルがニューファンドランド島を、ヴァスコ・ダ・ガマがインドを、ペドロ・アルヴァレス・カブラルがブラジルを発見した。

彼らは、僕たちの風力を利用して新たな大陸を発見したり、商品の取引を行っていたので、僕たちの旅を「貿易風」と呼んだ。

大気の世界では、分子の旅には縄張りがあり、地球の北半球と南半球ではあまり混じり合うことがない。また、いくつかの大きな集団となって旅する。北半球・南半球とも

に、赤道付近では赤道の方へ東から西に吹く「貿易風」と、中緯度ではその反対に西から東に吹く「偏西風」、そして高緯度や北極・南極で吹く「極東風」という集団がある。

人間は、これらの集団を利用して、北から南を旅した。こんな時、僕たちの北の仲間が船に近づき過ぎて南に移動してしまうこともあった。しかし、地上には近づき過ぎないこと、これが僕たち大気分子の「おきて」だった。

マゼランはフィリピンで現地人の抵抗にあい不慮の死を遂げ、また船乗りたちは疫病や壊血病で多数の死者を出したが、1522年、残された船員が史上初めての世界一周を達成した。

しかし、北から南へ移動した空気分子の中には、うっかり近づき過ぎて、天然痘ウィルスを持っている船乗りの呼気の飛沫を現地人に移して罹患させたものも多くいた。かつてのペストの流行のように、今度は新大陸の人間を混乱に巻き込んでしまったのだ。

伝染病を拡散させる手助けをしてしまったというのは、空気分子の一員として不本意な思いだ。

3章　世界はさらに広がる ｜ 分子は大航海時代を推し進め、伝染病も広めた　040

モナ・リザの微笑みとともに

ある日、レオナルド・ダ・ヴィンチと呼ばれた芸術家が作っている、平たい空間のそばを通った。油絵と呼ばれるものだった。

これまでも度々語ったように、酸素分子はすぐに何かと手をつなぎたくなる性質がある。しかし、うっかり手をつないでしまうと、性質が変わったり、再び旅に戻れなくなったり、運命が大きく変化してしまう。

僕も絵画を近くで見たいと思ったけれど、「近づきすぎないこと」は酸素分子としての鉄則なので注意していた。

しかし酸素分子の中には、ダ・ヴィンチの『モナ・リザ』に近づきすぎてしまい、油絵具の媒材と手を結んで動けなくなったものもいた。

そんな彼らは多分、今も『モナ・リザ』の絵の上で、「亜麻仁油」と呼ぶ植物の種から

採る乾性の油を固めるために手を結び、動けない運命を絵とともに受け入れながら、多くの人々の目を楽しませているということだろう。この時代に伝染病を運んでしまった罪償いというわけでもないが、数百年を経てなお『モナ・リザ』の絵を人々に鑑賞してもらえることに貢献したものもいるということは、分子として誇れることだと思っている。『モナ・リザ』を観賞しながら、そこで働く分子を想像することができたら、君が見る世界はもっともっと広がるだろう。

第4章

正体が
暴かれる

空気に重さがあるという発見

旅に出てからすでに長い時を経たが、僕たちはそれでも人間たちに正体を知られない
まま、ひたすら空を飛び、地球を巡り、大地を形づくる孤高の旅を続けていた。

空気（大気）は目には見えない。しかし何もないわけではない。実は人間たちは、「空
気とは一体、何者なのか」という議論を約2000年繰り返していた。古代より科学者
たちは、目には見えないけれどそこに何か「もの」が存在しているのではないかと考え
ていた。「もの」であるということは、そこには質量があることを意味している。

天文学者として有名なガリレオ・ガリレイは、倍率30倍の望遠鏡を作って天体の詳し
い観測を行い、コペルニクスらの地動説を支持する考えを唱えたため、ローマ法王にと
がめられ有罪となり、地動説を唱えないことを宣誓させられた。この時「それでも地球
は回っている」と呟き、命がけの抵抗を示した。

死刑は免れたものの、以後自宅に軟禁されることとなった。その間に、これまでの観

測・実験を本にまとめた（1683年）。気密性のよい革袋に圧縮した空気をできるだけ沢山入れ、重量測定の精度をあげ、空気に重さがあることをはじめて実験で示した。

僕たち空気分子は自由気ままに動き回っている。捉えどころがないからか、誰も重さに着目できなかった。これに気付くとは、ガリレオの天才ぶりを示している。重さがあることで、そこに「何か」があることが証明された。気付いてみれば当たり前になることだが、2000年もの議論で発見できなかったように、たやすいことではない。

答えを導くために、自然をよく観察して、仮説を立て、実験して証明しようとした。空気の正体を暴こうと、人間は僕たちをただ観察するだけでなく、閉じこめて普段と違う条件に置いて、変化させる実験を行った。お陰で僕たちはまるでいじめられているかのように、過酷な条件にさらされることもしばしばだった。

こうした「研究」が本格的に始まったのは、17世紀の半ば近くになってからのことだ。初めは失敗もあったけれども、失敗をヒントにしてさらに思索と実験を続け、あっという間に人間たちは知識を積み上げて、正しい理解へと近づいていった。そして、僕たちの正体に気が付いた。発見までの道のりは、まさに失敗から学んでいく道のりであっ

045　4章　正体が暴かれる　｜　空気に重さがあるという発見

た。それは科学革命とも呼べる発見の連続だった。

ガリレオの弟子であるエヴァンジェリスタ・トリチェリは、「空気という大海には重さがあり、それが大気圧で、われわれ人間はその底に沈んで生きている」ことを明らかにした。

イギリスのロバート・ボイルは、空気が一定の法則に従って、膨らんだり、縮んだりすることができることを証明した。また、物が燃えたり生物が呼吸するのは空気のごく一部であって、空気がアリストテレスの言うような単一な物質、すなわち元素の一つではなく、混合物であると提唱した。「元素は混合物や化合物とは異なり、実験によってそれ以上単純な物に分けられないもの」とはっきり定義している。

同じ頃（1658年）、イギリスのジョン・メイヨーは、ロウソクが燃えると空気中から何か一部だけ使われること、またこれとは別に、血液が空気に触れると鮮やかな赤色に変ることから、空気中に特殊な物質があると唱えた。

4章　正体が暴かれる｜空気に重さがあるという発見　046

アリストテレスの呪詛

僕らは酸素分子の特性を折々で人間に見せていたけれど、そんな僕らの「声」に耳を傾けることのできる人は多くはなかった。プリーストリーやラヴォアジェたちが僕らを発見するまで、なお紆余曲折の100年を経なければならなかった。

1669年、ドイツでヨハン・ベッヒャーという錬金術師が、燃える物全てに含まれる「燃える土」という元素を発見したと提唱した。

燃えていた薪やロウソクが消えた瞬間を思い出してみよう。煙がしばし漂い、やがて消えていく。これからヒントを得て、燃えやすい物質ほどこの「燃える土」の濃度が高いとベッヒャーは解釈した。

ドイツの医師ゲオルク・シュタールはこれに燃素（フロギストン）の名を与え、「もの」が燃えるのは、物質から燃素が空気中に放出されていく現象であると考えた。

この時、僕がどれほど「それは僕たち酸素分子が燃えやすいものと手を握っているからだ」と説明したかったか。アリストテレスが唱えた「四元素の一つとしての空気」の呪

詛から人間が逃れるのに、より多くの時間と努力が必要だった。

空気に含まれている成分は、不思議なことに多いものから順番に正体が明らかにされたのではなく、最初に発見されたのは、ごくわずかしかない二酸化炭素だった。

1756年、ジョセフ・ブラックは消石灰の水溶液に通すと、炭酸カルシウムの沈殿が生ずる空気の成分があることを発見し、この二酸化炭素ガスを「固まる空気」と呼んだ。僕らは内心、「ああ、また空気という概念に留まるのか！」と、絶望すら感じていた。

一つの発見があっても、すぐに本質に到達できるわけではない。一進一退が続いて、ようやく真理というものは見えてくるのである。

4章　正体が暴かれる ｜ アリストテレスの呪詛　048

長き眠りを経て酸素が活躍

水銀と手をつないだ酸素分子のことを覚えているだろうか。

彼はロジャー・ベーコンのもとで、「賢者の石」を使った実験で生じた酸化水銀（HgO）の中にトラップされたまま、数百年の時を過ごしていた。

18世紀のある日、錬金術師がそれを見つけてオックスフォードからロンドンの南西130キロにある、のどかな農村地帯の町カルネに運んだ。そこでイギリスのユニタリアン教会の牧師ジョセフ・プリーストリーの手に渡った。

1774年8月、彼は手に入れたばかりの酸化水銀を水に被せたガラス瓶に入れて、太陽の光をレンズを通して当てた。すると驚いたことに、酸素分子は水銀から離れて自由になった。重さを量ると軽くなっていたことから、プリーストリーは目に見えない新しい種類の空気の存在に気付いた。

「呼吸や燃焼にとっては、通常の空気より5倍から6倍良く、大気中に含まれるどん

な気体よりも良いと信じている」と言って、「フロギストン抜きの空気」と名付けた。こ
れこそ、カエサルの口から飛び出した酸素分子と仲間たちであった。

薬剤師のカール・ウィルヘルム・シェーレは、呼吸時の空気の重要性に気付き、二酸
化マンガンを高温に加熱したり、これに硫酸を加えて温めたりして、僕たち酸素分子を
作り出し、「火の空気」と命名した（１７７２年）。

スコットランドでジョーゼフ・ブラックの薫陶（くんとう）を受けたダニエル・ラザフォードは、
空気から酸素と二酸化炭素を徹底的に除くことにより、窒素をきれいに取り出し、この
中では動物が生きられないことから、「有毒な空気」と命名した。

シェーレもほぼ同時に窒素を発見し、これを「フロギストンで満たされた空気」「汚
れた空気」と呼んだ。

これで空気の中から、僕たち分子の９９％が見つかったことになる。

有毒な空気、固まる空気、燃える空気

僕たちの正体が分かる時は間近に迫っていた。

ロンドンでヘンリー・キャヴェンディシュは、ロバート・ボイルが100年前に気付いた燃える気体を研究して「燃える空気」と名付けた（1776年）が、未だ「水素分子」とは気付かなかった。要するに気体状の物質を何でも空気と呼んでいた節がある。

実は「水素分子」は、「カエサルの口から出た分子」の仲間ではない。

はるか昔、地球が誕生した今から46億年前頃の原始大気には、水素分子はヘリウム原子とともに地球に大量に存在したけれど、彼らは身体が軽すぎるので、仲間の分子と手をつなぐ、例えば酸素分子と手をつないで水分子になるなどしないと地球上では大気中にそのままでは存在できない。だから大気中から水素分子は段々いなくなり、今では実験室とか限られた場所でしか出会えない。地球の外では、宇宙で一番多いのは水素分子で次がヘリウムなのだけれど。

当時の人間が口にしたのは「燃える空気」「汚れた（有毒な）空気」「固まる空気」「火の空気」など、どれを見ても「空気」ばかりだった。実際には「空気」といっても僕たちの酸素分子の出番はない。

こんなにも人間に近いのに、僕たちを見つけられない。歯がゆい思いを抱いた僕たちの間に漂った「空気」こそ、察して欲しかった。

でもようやく、人間と僕たち分子の出会いに決定的な役割を果たした化学者が登場する。その名はアントワーヌ・ラヴォアジエ。彼は、プリーストリーの「フロギストン抜きの空気」の報を聞き、1774年10月、これこそ自分が探していた「空気」だとひらめいた。

ラヴォアジエによる大きな一歩

1783年、当時パリ市内を漂っていた僕は、窓からひょいとある部屋に忍び込んだ。これがラヴォアジエの研究室だった。うかつにも、実験しているところに近づきすぎたのが運の尽き、ラヴォアジエが手にした首の長いガラスフラスコに閉じ込められてしまった。

フラスコの底には銀色に輝く液体があった。ラヴォアジエは炉の上で加熱し始めた。350℃に達したら僕は居ても立っても居られなくなり、この金属元素と手をつないだ。するとオレンジ色の粉末になった。人は、水銀が蒸発したと言った。さらに僕は別のガラス鐘に移され、レンズで集光した太陽光を当てられ、気が付くと元の姿に戻っていた。

僕の仲間は、別のガラス容器の中で、なにやら火花が飛ぶのを見たところまでは覚えていたと言う。気付いたら、彼は水分子に変化していた。なんとも目まぐるしい、とんでもない体験だった。けれどもこれは僕たち分子にとっても人間にとっても、記念すべ

き大きな一歩を記した実験であった。

ラヴォアジエはリンや硫黄でも同じような実験を行って、酸ができることから、僕たちを酸のもと「酸素」と名付けた。また、他の元素が酸素と手を結ぶことは酸化と呼ばれるようになった。

その後、プリーストリーとキャヴェンディシュがともに水素分子と酸素分子から「水」が生れることに気付いた。二人は水素が水とフロギストンの化合物であると考えていたが、ラヴォアジエは水は元素ではなく、酸素分子と水素分子の化合物であることに気付いた。

この瞬間、彼はとうとう「火の謎」を解いたことを知った。それは、人間と僕たち分子が理解し合った記念すべき瞬間でもあった。「水素」と「酸素」は元素だが「水」は元素ではないという決定的な一撃で、２０００年来の呪詛、四元素説も同時に打ち崩された。

ラヴォアジエは「水素分子」が水を生じるものという意味で水素（hydrogène、フラ

ンス語）と命名し、元素は30以上あると発表もした（1783年）。さらに酸を作るもの というギリシャ語を元に酸素（oxygène、フランス語）と命名した。最後にフロギスト ンは存在しないと発表して（1786年）、呪詛に決着を付けた。

しかし悲劇が待ち受けていた。ラヴォアジエは、かつてフランス王政のために市民か ら税金を取り立てる徴税請負人を務めていた。これが咎められ「フランス革命の正義の ためには科学者はいらない」との判決を受け、1789年、断頭台の露と消えた。

数学者ラグランジュが、ラヴォアジエの死を惜しみ次のように嘆いた。 「彼の首を切るのは一瞬だが、彼のような頭脳を持った人間を生み出すには100年で も足りないだろう」

こうして人間は、さまざまな空気分子を発見したことで、自然界における不可思議な 現象も理解できるようになった。それが、科学とその技術に立脚し、自らの文明を創造 する時代へと導くのである。

18世紀は、僕たち分子と君たち人間が理解し始めた、記念すべき世紀といえる。

熱気球で大空へ飛び出す

実験室の外でも予期しないことが起きていた。1783年6月4日のことである。直径10メートルもある膨らんだ絹張りの紙袋が飛んで来て、1600メートルから2000メートルの高さまで昇ってきた。触ってみたら温かかった。10分間も飛び、2キロメートル離れた所に萎んで着地した。気球である。たちまちこの噂は広がり、国王ルイ16世の耳にも届いた。

半年も経たないうちに、今度は2人の人間を乗せた熱気球がパリ郊外ブローニュの森から飛び立ち、90メートルの高さで25分間、約8・8キロメートル飛行した。地上よりも広い大空に沢山いる僕たちからすると、人間は地上とせいぜい海上に這いつくばるようにして生きているように見えている。

この時初めて、人間が僕らのいる大空にまで昇って来た。人間が地上だけでなく、どんどん空へと、活動範囲を広げてくることを暗示する出来事だった。

2個の原子が手をつなぐ

イギリスのジョン・ドルトンは、それまでに知られていた30種類ほどの元素が、それぞれ分割不能で固有の質量をもつ微粒子「原子」から成るとする原子説を1808年に提唱した。彼は気象学を学んでいたので、空気のこともよく知っていたのに、酸素は単原子分子O、水は二原子分子HOであると考えた。そのため、質量すなわち原子量は水素を1とすると、ドルトンの酸素の原子量は16のおおよそ半分の7となる。僕たち酸素分子は初めから2個の原子が仲良く手をつないで飛び回っていたので、「間違っているよ」と教えたかった。

でもほどなく（1811年）、イタリアの化学者アメデオ・アボガドロが、2体積の水素は1体積の酸素と反応して2体積の水蒸気を生じるという実験結果を説明するには、酸素や水素が原子で存在するのではなく、2個の原子から成り立つ「分子」として存在すると考えた方が合理的であると唱えて、僕たちがO₂であることが初めて認知されたのである。

その後、1860年に開かれた初の化学の国際会議では、原子量決定法と新しい原子量体系が紹介された。

この国際会議に出席していたロシアのドミートリー・イヴァノヴィッチ・メンデレーエフは、この頃までに60種に増えていた元素をまず、原子量の順番に並べてみた。すると、反応する際の原子の手の数や密度といった元素の性質が、8番目または18番目ごとに似ているものが繰り返し現れることに気付き、1869年には最初の元素の周期表を発表した。

こうしてようやく「人間の説を安心して聞けるまでになった」と、僕らは感じていた。

第5章

近代化という
過酷な環境の
中へ

人間の身替わりで機械を動かす

さてここからは、酸素以外のカエサル分子の旅について語ってもらう。

一体全体、この大変さをどう表現したら分かってもらえるだろうか。想像もしていなかった事態に陥ってしまった。僕は、空気分子の仲間たちと一緒に、カエサルのラストブレスとして口から外へと飛び出した水分子（H_2O）だ。

旅の初めは順調だった。しばらく周囲を漂った後で上空に上がり、偏西風の一部となって、イタリアの上空から地球を一周して来た。僕らの旅は、いつだって風任せ。まさに気ままな旅だ。気圧や気温の影響で水分子たちは仲間同士で手を結び集まって雲となり、さらに君たちが雨と呼ぶ水滴の集まりとなった。覚えているかい、酸素分子と協働して酸性雨になったり、地上に落ちて鉄が錆びるのを手伝ったり、植物の根から吸い上げられ、光合成に加わったりして変身した水分子の話を前に聞いたことを。水分子は軽くて変幻自在で、カエサルの口から飛び出したままでいるのは少ない。

気温の下がったある日、極偏東風が吹き始めた。水分子たちは水蒸気となり上空に集まり、雲ができ、さらに君たちが雨と呼ぶ粒の集まりとなった。僕もほかの水分子と一緒に雨粒になり、降った所は、大西洋と呼ばれる水分子の王国だった。

プランクトンや海藻、魚たちだって、水があることによって生きることができる。水分子が命の源となっている大海原に入り、およそ1000年かけて、ある時は猛スピードで、また時にはゆったり地球を回っていた。そして最後に辿り着いたところが、イギリス国土のグレート・ブリテン島だった。

その日はメキシコ湾流の影響で北大西洋の水温が高かった。僕の身体は軽くなり大海原から一端上空に上ったが、すぐさま再び雨となって、スコットランドでも年間降雨日が多いことで知られる河港都市、グラスゴーを流れるクライド川に降り落ちた。

ここで驚くべき光景を目にした。水分子の仲間たちが水の奔流という塊となって、次々と木の羽根にぶつかり、その衝撃で羽根の付いた水車と呼ばれる機械を回転させていたからだ。人間は自分の身体の代わりに、水分子を使って機械化する「技術」に熱中していた。

一七六六年のある日、僕はすごい勢いでポンプに吸上げられ、狭い金属製の空間、シリンダーに飛び込んだ。それは技術者ジェームズ・ワットが開発していた高圧蒸気機関だった。

まさに目まぐるしい体験だった。熱せられると、仲間との距離が一気に遠ざかったが、次の瞬間、冷却器で冷やされると、今度はその距離が一気に縮まったからだ。この激しい動きを、何度も何度も繰り返させられていた。

何て荒っぽい場所に入り込んでしまったのだろう。ゆったり旅を続けてきたのに、いきなりこんな羽目になるとは。だが、後悔してももう遅い。

僕の仲間がここまで繰り広げたおよそ一八〇〇年に及ぶ旅のうちでも、恐らくもっとも忙しく、もっとも驚くべき体験をしてしまったとさえ言えそうだ。

この蒸気機関の改良により、人の手や水力による紡績機械、炭坑の排水は大幅に改善され、蒸気船、蒸気機関車の発明へとつながり、産業革命に大きく貢献した。大変な経験だったけれど、その後の発展を思えば、やむを得ない体験だったと思っている。

電池を生んだ水分子の過酷な体験

続けて、僕に負けず劣らず、過酷な体験をした水分子の仲間の話をしよう。

水分子たちはタフな旅ばかりしていると思われるかもしれないが、実際、僕らは人間の想像以上にいろいろな経験を目の当たりにしてきた。人間が技術というものを発達させるのに水分子が大きく貢献できたためで、タフな変化に水分子が耐えたからこそ、技術の進歩があったと自負している。

彼は、長い時間をかけて大気を漂った後に地中海に落ち、海の流れに身を任せて1000年かけて地球を回っていた。蒸発して大気中に戻り、1800年、イタリア北部のコモ湖に雨となって降り落ちた。ここから、ローマ時代にできた上水道を通ってパヴィア大学の研究室まで運ばれた。

ガラス容器で汲まれた彼は、ほかの水分子たちとそれぞれ旅の思い出話でもしようと

していたところという。その時、科学者アレッサンドロ・ボルタが現れた。ボルタはお

もむろに硫酸を加え、希硫酸溶液を作ったのである。

この溶液の中には亜鉛板と銅版の金属板が立っていた。水の中に水分子がいるよう

に、金属の板にも小さな主の原子がいて、全ての原子がゆるくつながって金属という状

態になっている。

ボルタが金属板を導線でつなぐと、すぐさま原子の手につながれた電子が手を切り、

亜鉛板から抜け出た（酸化）。手を切られて自由の身となった無数の電子たちは銅線の

中を通り、銅板に向かって一目散に走って行った。

一方、電子との手を切られた亜鉛（亜鉛イオン）は、水分子がいる溶液の中へと染み

出てきた。そのまわりは実にさまざまな分子やイオン仲間で混雑していた。中には、水

分子が分解して生まれた水素イオンも大勢いた。

自由の身となり、銅線の中を銅板に向かって一目散に走って行った無数の電子は、水

分子が分解して生まれた水素イオンととても相性がよかった。水素イオンはすぐに電子

を受け入れて（還元）、水素分子となり、彼らの溶液から泡となって浮き上がって空中

へと消えていった。

亜鉛板と銅板をつなぐ銅線は、無数の自由な電子が流れる道となった。人間から見るとこの電子の流れとは逆向きに、電気が流れているように見えた（電流）。

人間はまだ電流計を持っておらず、銅線の途中にはさむと明かりがともる電球のことを知るには、まだしばらく時間を要した。ボルタは溶液に指を突っ込んでピリッと感電するのを感じたり、弱い電気は針金を舌でなめてみたりしていた。その溶液を含む入れ物全体のことを電気の池、ボルタの電池と呼んだ。

この実験に関わった水分子は大変な体験だったが、人間の文明発展に必須の電池の誕生に貢献でき、とても誇らしい気持ちだったと振り返った。この発見をきっかけに、科学者は水を電気分解し、さらに2年後、蓄電池を発見した。

ちなみにその20年前に、ほど遠くないボローニャ大学では、解剖学教授のルイージ・ガルバーニが、カエルの解剖の際に足に2種のメスを差し入れると震えることに着目

し、電気が起きたとし、動物電気と命名した。一方ボルタは、2種類の異なる金属を触れ合わせたためと異を唱えて論争となったが、ボルタ電池の発見により、ボルタの解釈が正しいことが証明された。

ビール保冷から医療用酸素まで分子が支える

僕はその後は水蒸気となり、穏やかな旅を続けていた。時が過ぎ、1890年の秋、ドイツのババリア地方の収穫祭では大量のビールが消費されていた。ビールの中にもいろいろな経験を積んだカエサルの水分子がいたが、影の主役は、カール・フォン・リンデという技術者が開発した冷凍機だった。それは、ビールが酸っぱくなる過発酵を押さえ、のど越しに清涼感を与える6〜8℃に保持するという優れた機能を有していた。

リンデは1894年、空気を液化する工業的装置の開発を行った。ここでも分子の仲間は活躍していた。彼らは200気圧にゆっくり圧縮され、熱い思いをしたかと思ったら、外側から水で冷やされ、次の瞬間、16気圧まで下げられて（断熱膨張）凍えた。空気分子たちはどこか外でこれに似た経験をしたような気がしたと思ったら、山越えのフェーン現象だったと言う。この操作を繰り返すことで、空気は沸点マイナス190℃の液体となった。

さらに1901年、液体の空気を注意深くゆっくり蒸留すると、沸点の低い窒素が先に出て来て酸素が残ることから、酸素と窒素を純粋に分け取ることにも成功した。

空気を構成するのは酸素分子だけでなく、その周りにいつも数にして4倍の窒素分子がいるが、蒸留することで初めて彼らは酸素分子だけになることができた。

これにより、酸素吸入をはじめとする医療分野、酸素アセチレンバーナーによる高温溶接など、産業分野で酸素が貢献できるチャンスが広がった。さらに、アルゴン、ネオンなどの希ガス元素も空気から純粋に分け取られ、彼らにも新しい運命が待っていた。

医療分野の酸素は、現代のスポーツの現場には欠かせないものになっている。

2002年4月10日、マンチェスターではスペインのチームとのチャンピオンズリーグ・マッチが湧いていた。ハーフタイムは、酸素分子が忙しくなる時間帯だ。ロッカールームでマンチェスター・ユナイテッドの何人かの選手は、日頃トレーニングの合間の午睡の際に使っている酸素テントに入って回復に務めていた。前半に左足を痛めたデビッド・ベッカムという一人の選手が担架で運び出されてきていた。しばらく酸素テントで休んだ後、病院に運ばれ、X線CTとMRIを受け、左足の第2中足骨骨折と

診断された。彼は、「高圧酸素療法」を行っている病院へと回された。そこでは酸素を加えた2気圧の空気を1・5時間吸入するセッションを一日おきに10回程処置して、回復の促進が図られた。高圧酸素により、予想以上に早く彼は試合に復帰することができたという。

さて、話を戻そう。20世紀になると、すでに大きな都市には送電線が張られ、トーマス・エジソンが発明した白熱電球が夜空を照らしていた。

1910年のある夜、上空を漂っていたら、ひと際明るい橙赤色のサインが目に留まった。そばにいたアルゴン原子が囁いた。

「仲間のネオン原子が細長いガラス管に閉じ込められているんだ。両端から1000ボルトほどの電圧を掛けられ、目から火花を散らして大変な思いをしているよ。でもお陰で、夜空で目立つ。ほら、下に見えるパリのモーターショーのように、さまざまな広告に使われているよ」

白熱電球は、初めはフィラメントが焼き切れないように真空になっていたが、

1913年にラングミュアによって、ガス入り（白熱）電球が発明され、アルゴン主体の窒素との混合ガスが不活性ガスとして用いられるようになった。

さらにガスによる熱損失を少なくするために、アルゴンより熱伝導率の低いクリプトンやキセノンも使われる。

ネオン、アルゴン、キセノンらは、空気中の濃度が薄いので、希ガス元素と呼ばれるが、アルゴンの言い分を聞くと実情はちょっと違うようだ。

「人は一緒くたにしてそう言うけれども、アルゴンは君たち水蒸気に勝るとも劣らないほど空気中に沢山いて、二酸化炭素の25倍弱もいる空気の一大成分であることを認識してほしいな。でも空気の液化・分溜技術の進歩で濃縮され、久しぶりに仲間同士での四方山話に耽ることができたと思ったら、電球の中に閉じこめられるとは。大変な思いをしているんだよ」

アルゴンは、そうぼやいた。

第6章

窒素分子の活躍と宇宙への旅

窒素分子と食料の増産

さて次は、カエサルのラストブレスに最も多く含まれながら、ここまで登場できなかった「僕」の出番だ。僕は窒素分子だ。

大気空気中に最も多く存在しながら物語で語られる機会がなかったのは、僕らが大一族なのに控えめ（恥ずかしがり屋）で、ほかの分子と行動を共にしたがらない性質があるからだ。

窒素分子（N_2）は、2個の窒素原子（N）が3本の手で互いにしっかりと結び合っていて、ほかの原子や分子が近づいても、おいそれとその間に割って入ることが難しい仕組みになっているためだ。

2000年を超える長い旅をしたカエサル由来の分子たちの中で、例えば酸素分子は、二酸化炭素と水に変化したり、その後に再び酸素に戻ったりしていて、旅の中で2度"イベント"に出くわしていたけれど、窒素の場合はせいぜい1回のイベントを体験するのが精一杯となる。

後に3大肥料（窒素、リン酸、カリウム）の一つといわれるように、窒素は特に根、葉、茎の生長に不可欠だ。そして人間が行ってきた農耕とも切り離せない。

土はそもそも植物の生育に必要なさまざまな栄養を備えているが、農耕として作物を栽培していると、収穫するごとに土の栄養は失われていく。人は経験からこのことを察知し、昔より残った茎や葉を農地に鋤き込んだり、草木の焼却灰や動物のし尿などを撒いて補っていた。けれども、農地を拡大して食料を増産していくと、これでは追いつけなくなる。

それでも、自然界が無策という訳ではない。植物の生育をサポートする2つの方策を持っている。その方策の〝イベント〟に、仲間の窒素は巻き込まれた。根粒菌と稲妻だ。

カエサルの口から大気中に出た僕たちは、酸素や水蒸気と一緒に初めはローマの地上を漂っていた。しかしある窒素分子が土の中に拡散して行ったところ、土中の根粒バクテリアにつかまった。この菌の持つ酵素の働きでアンモニアに変えられ、それから宿主のインゲン豆の根から吸収された。その後、アミノ酸から植物タンパク質をはじめとする植物の身体の一部となった。

別の窒素分子は、ある夏の日、雷雲の近くをうろうろしていたら、雷光に打たれ気絶してしまった。放電という厳しい条件では空気中で酸素分子と手をつなぎ、窒素酸化物に変えられた。彼は雨に溶けて地上に達し窒素肥料となった。実際に日本では雷の多い年には、雨量や日照、気温など、生育に良い条件も整い、稲の豊作につながるということが古くから知られ、雷妻、稲光と呼び、「稲光は豊年の兆し」と唱われた。

そしてもう1つ、仲間の窒素が大活躍した旅もある。1910年ごろ、彼はドイツである研究者に捕まり、第二の人生を歩むこととなった。それは、僕たち窒素分子と人間との新たな関係の始まりともいえる画期的な出来事だった。

そこは、あの蒸気機関を超える過酷な場所だった。科学者ハーバーとボッシュが、インゲン豆の根粒菌をまねて、工場でアンモニアを作る発明を行っていたからだ。

彼は工場で捕まり、ほかの大勢の窒素分子とともに水素分子（H_2）と結合して、アンモニア（NH_3）となった。窒素はこれまで大気の78％を占める一大勢力として、広大な自然を謳歌する自由な生活を送ってきたけれど、人間が発明した工場の生産ラインに組み込まれることとなり、その暮らしは激変してしまった。

この工場はいわば巨大な根粒菌であるという人もいるが、生物が常温常圧でできると

ころを、化学技術では150〜250気圧、350〜550℃というとてつもない条件を必要とするわけなので、僕らにしてみればたまったものではない。

人間はそれを「水（H、O）と石炭（C）と空気（N）からパンを作る方法」と称賛した（それぞれ水は水素、石炭のガス化で得られるメタンも水素、空気は窒素と燃焼で反応熱を獲得するための酸素の源）。

窒素が工場のラインに組み込まれたのは、人間の急激な人口増加に対応するためだ。もはや人間は自然の植物だけで自らを養うことができなくなっており、工場で肥料を作って植物を大増産して食料とし、自らの栄養分に変えるほかなかった。

人間は穀物や果物、野菜を食べることで、炭水化物や植物性タンパク質を摂取している。また草食動物や果物を家畜とし、それを食べて動物性タンパク質を得ている。

分子から見ると、20世紀の人間は、自らの肉体をも工場で作っているようなものだ。

ここから、僕たち分子と人間との新しい共生の時代が幕を開けたのだった。

プラスチックの登場

肥料の原料としてのみならず、衣住を支える繊維への貢献もある。

7万年程前、人類は温暖なアフリカから寒冷地に移動するようになり、皮膚を覆う衣が必要になった。最初は獣の毛皮を用いたが、次第に植物の繊維を使うようになった。セルロースやリグニンといった、天然高分子の活用である。

さて、ほかのカエサル分子はどうしていたかというと、窒素分子の活躍を横目に見ながら、酸素分子はしばらくドイツの大気を漂っていた。彼は分子の奮闘ぶりを幾度も目にしてきた。

1920年頃、シュワルツワルト（黒い森）の外れにあるフライブルグ大学の研究室では、高分子説が唱えられ沸きかえっていた。続く1935年頃、アメリカのとある工場でも似たような光景を目撃した。それは、酸素分子、窒素分子、炭素分子の手を瞬く間につなぐ技術で、「空気と水と石炭」から作る合成高分子と呼ばれていた。

そこにはカエサル由来の窒素分子や酸素分子の仲間の顔も見えた。数百から数万の分子が手をつなぐ高分子は、プラスチック（合成樹脂、可塑性物質）という現代的な名前を与えられ、20世紀の人間の暮らしを大きく変える物質となった。

これも僕たち分子の誇りである。

宇宙へ向かって

恥ずかしがり屋の僕たち窒素分子も、数がものをいって力を発揮し、人間の暮らしを大きく変える源となった。折々での活躍により人間の活動域は拡大し、人間は自信を得るようになった。

地表のみで広がっていた人の行動範囲は大空へと広がり、これにより、僕たちの仲間が成層圏から宇宙空間にまでいることが分かってきた。さらに、人間とともに地球を離れる旅を目指すようにもなった。

僕は、宇宙を目指す旅に同行した。上空に昇るにつれて、空気は次第に薄まっていく。それだけでなく、地上20キロほどの成層圏に突入すると次第に臭くなり、息苦しくなっていく。2個の酸素原子が手をつないでいる酸素分子が、太陽の強力な紫外線で千切られて離ればなれとなり、再び手を結ぶことがあっても、その際近辺にいた別の酸素分子と手を結び、オゾン（O_3）となってしまうためだ。

オゾンの濃度の濃い所が層状に広がっているので、ここをオゾン層と呼ぶ。長居したくない所だが、太陽から来る紫外線をオゾン層が吸収・遮断するため、地表ではすっかり弱められている。強い紫外線はDNAに損傷を与えるなど、生物にとって有害である。オゾン層のお陰で生物が地球上で繁栄できるようになったのだから、我慢して一気に成層圏を離れ、上昇を続けることにした。

人間が未来の暮らしのために宇宙を目指していることは君たちも知っているだろう。やがては、地球上の分子の大半を占める僕たち窒素分子も、人間についていくことになるだろう。もちろんいきなり宇宙で暮らせるわけではなく、暮らすための事前の準備が大変なことも知っている通りだ。

人間だけでなく動植物が宇宙空間でどうなるかという実験は、ロケットで度々行われている。空気分子を酸素タンクや窒素タンクに詰め、人を乗せたロケットと共に宇宙へ飛び立つ。

「国際宇宙ステーション」では、さまざまな実験研究が行われ、僕たち窒素分子の仲間はシロイヌナズナという植物の根っこになって、重力と分子の関わりをテーマに研究

されている。

クマムシの身体の一部となったほかの窒素分子の仲間は、地球から宇宙に送り出され、生命活動を停止してまで乾燥という環境に耐える、クマムシの頑丈な身体の秘密の研究に寄与している。宇宙を旅する僕たち窒素分子の仲間は、日に日に増え続けている。

その活動域は酸素分子、二酸化炭素、水分子など全ての地球上の分子に共通し、成層圏から宇宙へと、縦方向の拡がりをみせている。

第 7 章

僕たち分子とは
何か

二酸化炭素が拓く新たな緊張関係

ここでは大一族の窒素分子と対照的な、僕ら二酸化炭素分子の物語を語ろう。実は僕たち二酸化炭素（CO_2）の分子は、水蒸気に次いで目まぐるしい旅を経験している。

僕たちは少数派で大気中には0・04％しかない。呼気中では100倍の4％前後に増えるとはいえ、窒素分子の78％に比べてあまりに目立たない存在だ。しかし、地球上では全ての動物が肺から吐き出し、葉の穴から植物が吸収して光合成を行い、植物自体に変わり、すべての生物の命を支え、火山の噴火や山火事では猛烈な勢いで大気中に出てくるなど、まるで忍者のように神出鬼没である。

それ以外にも二酸化炭素分子には、太陽光を受け暖まった地表から、上空に向けて跳ね返る赤外線をトラップして自らに溜め込む習性がある。僕ら二酸化炭素にとってもこれは緊張を強いられる一瞬で、僕も旅の途中で目にしたことがある。

7章 僕たち分子とは何か ｜ 二酸化炭素が拓く新たな緊張関係 082

偏西風に乗って大気の上空を回っていた時のことだった。上空ではお互いが近寄る機会は滅多にないが、最近は大気中の二酸化炭素の濃度が高くなったため、そのような機会が2倍にも増えている。地表で反射した赤外線が、空中のある二酸化炭素の団子状につながる炭素（C）と酸素（O）の間の2カ所に吸込まれた。するとその二酸化炭素分子（O＝C＝O）の伸び縮み運動が活発になり、赤外線は二酸化炭素の中にしばし留まった後、再び赤外線として地表に戻って行った。分子はあちこちに衝突しながら旅（移動）をするだけでなく、それ自身でも体操をしているのだ。この体操（振動）が「温室効果」を生み出す。地球の平均気温が15℃に保たれているのは、二酸化炭素や水蒸気、フロンガスなどが果たすこの重要な役割があるためである。

産業革命以来、石炭を大量に燃やしたため、僕ら二酸化炭素が増えていく世の中になりつつあった。地球は温室効果で金星のような高温の星にみられるような変化を遂げるのではないかと、時代を下るにつれ緊張感と危機感は増していった。

そんな危険性に初めて人間が目を付けたのは1896年だった。スウェーデンの科学者スヴァンテ・アレニウスがその人である。

083　　7章　僕たち分子とは何か　｜　二酸化炭素が拓く新たな緊張関係

大気中に二酸化炭素分子が増えたらどうなるかを思案し、各種関連データを使って統計的な膨大な計算を行った。当時はまだこの程度なら面積で地球上の70％を占める広い海洋が吸収してくれるから深刻に考える必要はない、というのがアレニウスの結論だった。

1900年代も半ばを過ぎるころから、石炭に加えて石油を燃やしてエネルギーを獲得しようとして工場で大量に酸素や炭素が手と手をつなぎあわせた結果、大気には自然に含まれる以外の二酸化炭素が急激に増えていった。

自動車も増えた。工場の煙突に加え、自動車の排気管から生まれた二酸化炭素が大気中に吐き出された。その結果、地球の大気中には動物と植物のキャッチボール（呼吸のやりとり）で生み出された二酸化炭素分子よりはるかに多い、工場から生み出された二酸化炭素分子が急増した。

そのことが人間社会に気候変動という影響を与え、分子と人間との新たな緊張関係を生み出す要因になった。

アレニウスの発表から61年後の1957年、ロジャー・レヴェルとチャールズ・キーリングの2人は、空気が最も澄んでいると思われるハワイのマウナ・ロア山頂と南極とで、二酸化炭素濃度の計測を継続的に行って、人間社会に向けて二酸化炭素濃度の増大に関する警告を発した。

「赤外線を吸収して再放出する能力をもつ気体が大気中に急増している。このままでは、われわれ人間の生活にはさまざまな問題が起こり得る」

それは、カエサル分子として世に出て、変身しながら長く旅をしてきた中で、初めて人間と真正面から利害関係が対立する出来事だった。

18世紀まで人間は僕たち空気分子の存在すら知らず、19世紀まで僕たちを悪気もなく、活用することだけを考えてきた。それから100年の間で人間は、僕たちの活用が人間社会にどのような影響を起こし得るかを学びつつあった。

試験管や工場の中だけでなく、人間は僕たちを大自然の中や地球環境の一環として見

つめるようになった。それは人間と僕たち分子が、より良い関係を築いていくための新しい一ページを切り拓くものだった。

「食物連鎖を考えると、二酸化炭素なくして地球上のあらゆる生物の存在はありえない」ということを人間は学んだ。

新たな関係を結ぼうとしている21世紀の中で、僕ら二酸化炭素（CO_2）は、人間と空気分子にとっての要となっている。

宮沢賢治の分子の旅

日本でも分子の旅は密かに記されている。宮沢賢治は、分子の旅をとらえていた。

いち早く二酸化炭素の温室効果に興味を抱き、亡くなる前年の一九三二年に発表した『グスコーブドリの伝記』では、火山から噴出する二酸化炭素を増やして地球をわざと温暖化させ、冷害に苦しむ農民を救おうという斬新なアイデアを生み出した。そして、主人公が勉学を積んで火山技師となり、自ら犠牲となって火山を人工的に噴火させるというストーリーを展開している。

もっとも現在では、火山の噴火は二酸化炭素と同時に吹き出す硫酸系エアロゾルによって、太陽光線が地表に届くのを妨げるため、全体としてはかえって気温は下がることが、例えば一九九一年フィリピンのピナトゥボ火山の噴火などで観測され、また通説となっている。

『風野又三郎』では、空気の流れである風と人とのつながりを語っている。

山奥の小学校に九月一日に転校して来た又三郎に対して、村の子の耕一は風に翻弄さ

れた翌日、

「うわぁい、又三郎、汝などぁ、世界に無くてもいいな。うわぁい」

と言った。又三郎は答えた。

「僕たち（風）が世界中になくてもいいってどう云うんだい。箇条を立てて云ってごらん。そら」

耕一は試験をされているようだし、つまらないことになったと思って大へん口惜しかったが、仕方なくしばらく考えてから答えた。

「汝などぁ悪戯ばりさな。傘ぶっ壊したり」

そう言って又三郎に急かされながら、風の弊害を幾つも列挙する。耕一に応えて又三郎は、風の被害は対策を講じておけば大抵避けられる、風車を回すだけじゃない、雲を流し、花の香りと花粉を運び、風が木々の音を奏で、季節の変わり目を教え、僕たちの心を育みもすると、風の恩恵を説いた。

耕一は「又三郎、おれぁあんまり怒で悪がた。許せな」と言って仲直りした。

又三郎は9月10日に嵐となって去って行った。

おわりに

人間との
優しい関係を
探して

ガイウス・ユリウス・カエサルの最後の一息(ラストブレス)として2×10の22乗個の分子たちが世に出た。

それから2060年程の時が過ぎた。共に旅を始めた仲間は酸素(O_2)、窒素(N_2)、水(H_2O)二酸化炭素(CO_2)の4種類の分子たちだった。

初めの1700年間で地球を巡る旅を思う存分楽しんだのは酸素分子の仲間だった。多くの時間を地球の対流圏の一番上では偏西風として、地上では局地風として回り続けてきた。そうして大気中にあるおおよそ10の44乗個の分子と合わさり薄められ、またさまざまな事件に出くわした。人間との利害も戦いもなく、やんちゃで情熱的で時に暴れん坊の性質のまま地球を巡り、炎になり、うっかり炭素と手をつないだり、人間の血液や植物の根や葉を通ったりという自然の中を奔放に駆け巡る旅だった。

その中で僕は、カエサルの口から出て長い旅を経て、富士山頂を目印に降りて来て、君のもとへ、辿り着いた。

君は僕らの体験談に耳を傾けてくれ、今、この物語を読み終えた。

酸素が生物の呼吸に不可欠なことを君たちは以前から知っていた。植物が二酸化炭素と水を使って太陽光の下で光合成を行い、糖類を生産し、酸素を排出することも、ある程度知っていた。

人はこれによって主食の穀物を得ている。地球を生物の住み易い惑星にしているのは、水蒸気と二酸化炭素の温室効果であることも知っていた。

産業革命以降、化石燃料を燃やしてエネルギーを得るため、大気中の二酸化炭素濃度が次第に増えて、地球温暖化が深刻な問題となってきていることを学んだ。

また、空気分子が塊となって流れるのが風であり、風力と光合成で得られるバイオマスは、太陽光発電と並んで、再生可能な自然エネルギーのチャンピオンである。

この物語を読んで、初めて比較的穏やかな窒素分子が、自然界で、さらに工場といったいくつかの経路で「固定」され、アンモニウム塩、硝酸塩、尿素などのかたちで植物の肥料となり、吸収されてアミノ酸、RNA、DNAと略記される核酸、葉緑素、植物性タンパク質ができ上がっていること、またこれらを食料として多くの動物が生きていることを学んだ。

空気は、地球上で生物が繁栄して行く上で不可欠な「在庫品倉庫」なのである。

こういうことが分かった背景には必ず科学者の注意深い自然観察や考察、実験があり、また技術者の問題解決に注いだ努力があった。

こうしてカエサルのラストブレスからの空気分子が、現在の地球に生きる70億全ての人々が呼吸をする際に、一個は肺の中に飛び込んでいる。

僕たち空気分子は平等主義的な考えの持ち主で、老いも若きも、富める者も貧しい者も、人に対して差別をしない。一番平等な資源である。太陽が日照権を持ち、水が水利権、漁業権を主張するのに対して、国境さえなく最も公平な存在である。

君たちは友だちと口喧嘩をし、時には取っ組み合いの喧嘩をしたりすることがあるだろう。また稀にはいじめをし、いじめをされるかもしれない。それにしても、さっきまで嫌だと思っていた相手の肺の中にあった空気分子を君が吸っており、君の呼気の中に残っていた酸素分子は相手が、仲間が、また後輩が吸っているのだ。

いつまでも反発しあっている場合ではない。来るべき君たちの時代に備えて、仲良くして行こうではないか。

君たちはこの美しく豊かな地球の将来を、人間同士いたわり合って仲良く生きてほしい。そうして一人でも多く科学者、技術者に育ってくれれば嬉しい。僕たちと「共生」してきたように、自然とさらなる共生関係を深めてくれることを僕は望んでいる。

宮沢賢治の『グスコーブドリの伝記』は、彼自身の人生が投影された童話であり、有名な「雨にも負けず」という詩は、この童話のための主題歌であるといわれる。最後に、この詩を贈る。

「雨ニモマケズ」

雨にも負けず
風にも負けず
雪にも夏の暑さにも負けぬ
丈夫なからだをもち
慾はなく
決して怒らず
いつも静かに笑っている

093　おわりに　人間との優しい関係を探して

一日に玄米四合と
味噌と少しの野菜を食べ
あらゆることを
自分を勘定に入れずに
よく見聞きし分かり
そして忘れず
野原の松の林の陰の
小さな萱ぶきの小屋にいて
東に病気の子供あれば
行って看病してやり
西に疲れた母あれば
行ってその稲の束を負い
南に死にそうな人あれば
行ってこわがらなくてもいいといい
北に喧嘩や訴訟があれば
つまらないからやめろといい

日照りの時は涙を流し
寒さの夏はおろおろ歩き
みんなにでくのぼーと呼ばれ
褒められもせず
苦にもされず
そういうものに
わたしは
なりたい

宮沢賢治

著者略歴

岩村 秀（IWAMURA Hiizu）

化学者。1934年東京都生まれ。東京大学理学部卒業、東京大学大学院化学系研究科化学専門課程博士課程修了、理学博士。56年間、物理有機化学の研究と教育に従事。分子科学研究所名誉教授、東京大学名誉教授、九州大学名誉教授。主な受賞に紫綬褒章、日本学士院賞ほか。

吉田 隆（YOSHIDA Takashi）

1974年九州芸術工科大学（現九州大学芸術工学院）卒業。1985年、株式会社エヌ・ティー・エス設立、2005年より武蔵野美術大学非常勤講師、現在に至る。

分子は旅をする ～空気の物語

発行日	2018年5月12日
監修	岩村 秀
著者	解説編 岩村 秀
	物語編 吉田 隆
発行	吉田 隆
発行所	株式会社エヌ・ティー・エス

102-0091 東京都千代田区北の丸公園2－1　科学技術館2階
TEL 03-5224-5432（編集企画部）　03-5224-5430（営業部）
http://www.nts-book.co.jp/

編集	石黒知子
協力	唐木 正＋臼井唯伸
デザイン	柴田ユウスケ＋一柳 萌（soda design）
作図	一柳 萌（soda design）
作図原案	丸山亜由美
印刷・製本	株式会社双文社印刷

ISBN 978-4-86043-531-8
落丁・乱丁本はお取り替えいたします。無断複写・転写を禁じます。　　　C3040

分子は旅をする

～空気の物語

解説編

物語編と解説編について

　物語編は、分子の世界を実感するための読み物である。分子の目線で世界を見つめ直すことは、さまざまな驚きと発見に満ちており、科学をより身近にすることでもある。そこで物語編では分子の目線に立ち、約2060年に及ぶ旅を次のように紹介した。

　紀元前44年共和制ローマで独裁官ガイウス・ユリウス・カエサル（英語名ジュリアス・シーザー）が暗殺された際に、最後の吐息の中には$2×10^{22}$個の空気分子がいた。彼らは一陣の風に運ばれて次第に散り散りとなり、地球を何周もして大気中（注1）にいる全部で10^{44}個の分子に薄められた。

　現代の人々が息を吸う度に、カエサル由来の分子が1個は含まれている。同時に、ここまで辿り着けなかった分子も大勢いる。

　その2060年の間、分子たちはただ漫然と薄められていたわけではなかった。自然や人間の日々の営みは、空気の分子と共に繰り返される。分子にとってはまさに「事件」に遭遇するようなものである。物語編では歴史を辿りながら事件に遭遇する分子の旅を綴った。また、人間が身の回りで起きたさまざまな事件について考えを巡らし、観察し、実験し、やがて分子の正体や役割を次第に明らかにしていく道のりも描かれている。

ヴィンチェンゾ・カムッチーニ作『カエサルの暗殺』

解説編では、物語編で述べた出来事の科学的な裏付けを行う。地球上における生命を巻き込んだ物質の大循環において、空気分子が極めて重要な役割を果たしているためで、その解明の歴史および人々の生活との関係を学んでいきたい。

　本書は中学理科で学ぶ項目からカバーしている。第一分野の「物理・化学」の中では、「気体の性質」「圧力と力」「酸化・還元」「燃焼」「物質のすがた」「状態変化と化学変化」「発明発見の歴史」「周期表」「電流」「電気分解」「自然エネルギー」、第二分野「生物・地学」の中では「植物の生活と種類」「光合成」「天気とその変化」「地球温暖化」が含まれている。

　また、科学の解説のみならず、歴史や哲学などに多くの誌幅を割いた。人々が空気をどのように理解しようとしていたのかをうかがい知ることによって、科学の根源に触れるとともに、深い理解を促すことにつながると考えている。

（注1）空気と大気の違い：重力によって地球など惑星・衛星の周囲を取り巻いている気体を、全般的に大気と呼び、そのうち地球上で人間が生活圏としている主に地表付近を占める混合気体のことを空気という。地球上では空気と大気の言葉の違いはあまりない。大気の総量等に関しては9ページ参照。

物語編と解説編について　**005**

本書に登場する空気の分子

括弧内は、大気中の平均体積濃度（百分比）と分子の平均滞留時間を示している。
それぞれの分子が「事件」に遭遇して大気中から消えて行くまでにかかる時間の平均
値を平均滞留時間と言う。消失する（反応）速度が分かってから計算されている。

窒素 N_2（78.6%、100万年）

空気中に最も多く含まれており、酸素の活性を和らげている。窒素肥料を経由し
て植物がタンパク質、核酸（DNA、RNA）、ATP、葉緑素など作る原料となる。

酸素 O_2（20.8%、5000年）

生物の呼吸、物の燃焼、酸化を司る。植物の光合成の廃棄物、オゾン層を作る
原料である。

アルゴン Ar（0.96%、永久）

全く不活性。空気中で3番目に多く、二酸化炭素の30倍もあるとは信じ難いだ
ろう。

水蒸気 H_2O（平均0.5%、9日）

地表・海面から蒸発し、雨となって降り注ぎ、変幻自在である。燃焼生成物の一
つ。植物の光合成の原料の一つでもある。地球の温室効果ガスの一つ。

二酸化炭素 CO_2（0.040%、5年）

植物の光合成の原料であり、生物の呼吸の廃棄物である。化石燃料・バイオマ
スなどの燃焼の生成物で、産業革命以来、増え続けている。地球の温室効果ガ
スの一つ。地球温暖化の元凶とされる。

ネオン Ne（0.002%、永久）

LEDが現れるまでは、サインボード（電光掲示板）の主役だった。

分子モデル

分子モデルは、原子がつながり分子として安定した形を拡大したもので、便宜上、原子には特定の色を付けて示される。ここでは白図として示しているが、色はそれぞれ窒素に青、酸素に赤、水素に白、炭素に黒、アルゴンに紫、ネオンにピンクを用いる。下記の分子モデルに色を塗り分けて、分子について考えてみよう。

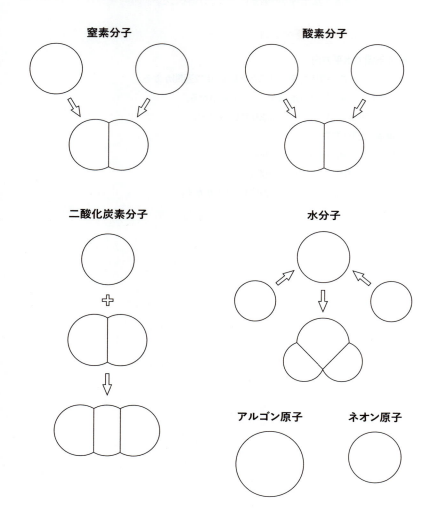

参考解説

カエサル分子が私たちの吸気に見つかるための3つの条件

1　空気成分分子の大部分が十分の滞留時間（6ページ参照）をもっていること。
2　分子が十分な速さで動き回り混じり合っていること。
3　大気中の濃度が私たちの一吸気に入るだけあること。

空気分子が移動に要する時間の目安

● 大気圏で水平方向

東西方向　全ての緯度を平均すると地球1周に2週間かかる。
南北方向　赤道周辺から極まで2〜4週間かかる。
北半球と南半球　1年かかる（あまり混じらない）。

● 垂直（上下）方向

地表から大気圏上端まで1カ月かかる。
地表から成層圏まで5〜10年かかる。
成層圏から大気圏に戻ってくるのに1〜2年かかる。

試算方法

上記条件と目安をもとに、以下の考えに基づき試算している。

1 カエサルの最後の吐息の中の分子数　成人男子の肺活量は5〜6リットル（ℓ）にも達するが、普通の呼吸時の肺換気量は500ミリリットル（mℓ）程度に過ぎない。カエサルの最期の吐息は息が上がっていたとして、倍の1リットルあったと仮定しよう。1気圧、体温37℃、1リットルの吐息は、標準状態では880ミリリットル（1000 × 273K/310K、シャルルの法則）である。これは理想気体で近似すると0.039mol（モル）（÷22.4ℓ、理想気体のモル容積）であるから、分子の数はアボガドロ定数 6.02×10^{23}個/molを掛けて2.36×10^{22}個になる。

2 地球大気中の空気分子の総数　地上で1気圧ある大気の総質量は水銀柱760ミリメートル（mm）の質量（＝$1030g/cm^2$）に地球の表面積（＝$510 \times 10^{12}m^2$）を掛けて、5.25×10^{18}キログラム（kg）と推定される。空気の平均分子量は28.9であるので、これは1.82×10^{20}molに相当し、分子数は1.09×10^{44}個となる。

3 現在の大気中におけるカエサルの吐息分子の濃度（比率）　窒素、酸素それから空気中3番目に多いアルゴンまで平均滞留時間は5000年以上なので、死後2060年を経てカエサルの吐息分子は大部分残っていると見なして差し支えない。4番目以降で1%より少ない二酸化炭素と水蒸気の数は無視してもこの計算には影響しない。また前ページで述べたように、また後にも述べるが、それまでに地球大気は十分に混じり合っている。したがって、吐息分子の比率は2.16×10^{-22}（2.36×10^{22}個／1.09×10^{44}個）である。

4 今われわれが肺換気量500ミリリットル程度の普通の呼吸をした際、その吸気中にみるカエサル由来の吐息分子の数　1気圧20℃のこの吸気は標準状態では466ミリリットル（×（293 K/273K））である。これには0.020molの空気分子が含まれ、分子数は1.25×10^{22}個となり、3で算出したカエサル分子の比率を掛けると、われわれの吸気の中には毎回2.7個のカエサル由来の分子が含まれている計算となる。

解説編

目次

4	物語編と解説編について	
6	本書に登場する空気の分子	

11	第1章 ｜ 哲学と宗教	空気とは何か
12	1-1	古代の人々と分子
18	1-2	風と分子の移動

31	第2章 ｜ 世界の創造主	酸化の魔法
32	2-1	燃焼
40	2-2	錬金術と近代科学
44	2-3	ルネサンス芸術と空気分子

49	第3章 ｜ サイエンス	魔法の正体
50	3-1	列伝
62	3-2	大気分子の発見

81	第4章 ｜ エンジニアリング	水蒸気の威力
80	4-1	産業革命と蒸気機関
93	4-2	電池と電気

99	第5章 ｜ 衣食住の充実	人口増加と食料生産
100	5-1	窒素の大きな役割
107	5-2	光合成
111	5-3	高分子の時代へ

115	第6章 ｜ 地球と未来	大気環境と地球温暖化
116	6-1	大気環境の諸問題
131	6-2	二酸化炭素濃度を減少させる試み
139	6-3	二酸化炭素を資源にする

143	第7章 ｜ 分子と人間	未来を見つめて
144	7-1	風についての最新の知識
149	7-2	超音波と超音速
151	7-3	空から成層圏、宇宙空間へ

監修・文 ＝ 岩村 秀

153	**おわりに　分子の目線で世界を眺め、地球の将来を考えよう**

第 1 章

哲学と宗教

空気とは
何か

1-1 | 古代の人々と分子

人は空気をどう感じどう考えようとしたか

1 空気（吸気）と呼気の違い

成分

　地球上の空気は、いく種類もの物質が混じり合ってできている。その割合は、清浄乾燥空気の体積百分率で、窒素（N_2）78.08％、酸素（O_2）20.95％、アルゴン（Ar）0.93％、二酸化炭素（CO_2）0.040％で、このほかネオン（Ne）0.0018％、ヘリウム（He）0.0005％が含まれる。実際にはこれに水蒸気（H_2O）が加わる。その量は場所、季節、気候などにより変化するが、全球平均で1〜2.8％とされる（平成27年版理科年表）。人間は毎回、呼吸でこれだけのものを吸って肺に取り入れている（表1）。

本書の「空気分子」

　こうして、鼻や口から呼気として吐くときは、酸素は減って16％、二酸化炭素は増えて4％、水蒸気はやや増えて0.9％となっている。吸気と呼気との酸素濃度差に呼吸回数を掛けると、酸素の消費量は成人で一日平均750グラムと分かる。水蒸気は気体で無色透明だが、吐息では体温になっているので、寒い日の外気に触れると、温度が下がり小さな水滴になり、光を乱反射させるので白く見える。窒素78％と他の微量成分はあまり変わらない。このようなことが分かったのは、よほど後になってからなので、本書のここでは、これらをひっくるめて「空気分子」と呼んでいる。

表1.吸気（＝空気）と呼気の組成（体積％）*　　*空気の組成は重量では$N_2$77.7％、$O_2$23.3％である。

	N_2	O_2	Ar	H_2O	CO_2	Ne
吸気（＝空気）	77.3	20.7	0.92	1	0.040	0.002
呼気	78.0	13.6〜16	0.96	0.9〜5	4〜5.3	0.002

2 「原子説」と「四元素説」

デモクリトスの原子説

空気中にある分子を、昔の人々はどのように見ていたのだろうか。かつては、空気がいく種類もの物質の混じり合いでできているとは思われていなかった。

分子は、人間から見ると、余りに小さい。いや分子からすると人が余りに大きすぎるのかもしれない。いずれにしても見えない分子のことを人間たちは、実に深く考えていた。その中に、この世の成り立ちを考える人、哲学者がいた。

カエサルの暗殺という歴史上の大事件より遡ること400年余り、紀元前420年に、レウキッポスとその弟子デモクリトスが「原子説」というものを提唱した。

デモクリトス
(紀元前460〜370年頃)
バロック期の画家ルーベンス作
『デモクリトス』

「物をどんどん分割していくと、これ以上分割できない『原子』(注2)にたどり着く。それは、目に見えない微小な粒子ではあるが、確かに大きさをもち、原子は新たに生じもしないし、なくなりもしない」

空虚(真空)の中に、分割できない究極の粒子があるとする説である。実験的な証拠があったわけではないが、原子説と真空があるという物質観は注目に値するもので、後者は数学の「ゼロの発見」にも相当する重要な考え方だったといえるだろう。

(注2) atomはギリシャ語ではa-tom、aは否定する前置詞でtomosが切断するという意味をもつ。顕微鏡で観察に用いる試料を極薄の切片にするために用いられる器具をmicrotomeという(簡易ミクロトームは理科教材に含まれている)。

アリストテレスの四元素

自然を哲学的考察の対象として統一したのが、アリストテレスである。地上のあらゆるものは次の4つの元素から成る。四元素は物質とその様相のことをも意味し、火は物質を変成させるエネルギーを、空気はさまざまな気体を、水は液体を、土は固体を意味すると理解されていた。これら地上の四大元素はそれぞれの重さに応じて運動し互いに入り混じると考えた(図1)。天界にはそれに第5の元素であるアイテール(ギリシャ神

第1章 空気とは何か　013

話に登場する天空の神）を加えた。アリストテレスは、デモクリトスと違って、物質は連続していると考え、空間は必ず何かで埋め尽くされているとして、真空の存在を認めなかった。この考えは、長い間、ヨーロッパの学者の間で支持された。

　デモクリトスの説もアリストテレスの説も、どちらも実験で確かめられたものではなく、哲学者が思考の上で到達したものである。言葉は同じでも今日の元素とは全く異なる広くて漠然とした意味をもっており、19世紀初頭にイギリスの化学者ドルトンが実験事実から再び「原子説」を提唱するまで、なんと2200年もの歳月を要した。それでもアリストテレスの四元素の一つに、肉眼では捉えられない空気が入っていたのは注目に値する。

　アリストテレスは、音の正体についても考察し、音というものは空気が音源で動かされ、水上でさざなみが広がるように伝播するものだと結論した。この考えが証明されるには16世紀まで待たなければならなかった。

図1　万物の元となる地上の四元素と4つの性質

アリストテレス
（紀元前384〜前322年頃）
古代ギリシアの彫刻家
リュシッポス作
『アリストテレス』

3　万物の創造主は誰か

宗教の誕生

　哲学者ならずとも、人は謎の多いこの世界を一体誰が創り、司っているのかと考える。そうして辿り着いたのが、「神」が存在するという考え、すなわち宗教である。紀元前13世紀にユダヤ人の民族宗教として形を整えてきたのがユダヤ教で、そこから西暦1世紀から8世紀にわたって、キリスト教、イスラム教などが派生した。これらはいずれも一神教であり、古代エジプト、ギリシャ、ローマ、日本では多神教が広まった。

ユダヤ教とキリスト教

　カエサルと三頭政治を行ったことでも知られる共和制ローマの将軍・ポンペイウスが、紀元前63年、エルサレムに入城したことで、ユダヤ地方（イスラエルまたはパレスチナという）はローマの支配下に入っていた。この地にはイスラエルの民の全能の超越神がいた。「神の国の到来を告げる黙示録的な政治的救世主」として現れたイエス・キリストは、西暦33年にユダヤのエルサレムにおいて、ローマの植民地支配に反逆したとしてローマの官憲に捕らえられ、反逆者としてローマ法に則り、ゴルゴタの丘で磔（はりつけ）の刑に処せられた。そして3日後に復活し、弟子たちに遺言ともいうべき大宣教命令を与えたことからキリスト教は始まっている。

ルネサンス期の画家アンドレア・マンテーニャ作『キリストの磔刑』

　パウロをはじめとする弟子たちは布教に励んだが、迫害にもあった。何代ものローマ皇帝がキリスト教を禁圧したが、313年にローマ皇帝コンスタンティヌス1世がミラノ寛容令を発し、キリスト教を公認した。同皇帝は330年にローマからコンスタンティノポリスに遷都し、東ローマ帝国（ビザンティン帝国ともいう）が誕生した。東へと領土を拡大するとともに、キリスト教は世界に広まっていった。しかしゲルマン人の侵攻と宗教戦争により、西ヨーロッパ圏で栄えた古代ローマ・ギリシャ文化は破壊されることとなる。世界に貢献するような文化的な発展は、ルネサンスまで待たなければならなかった。

イスラム教

　ムハンマド（旧マホメット）が開いたイスラム教も、世界史に大きな影響を及ぼしている。死後632年に、その後継指導者を中心としたイスラーム共同体が構築され、イスラム帝国と呼ばれた。651年にはムハンマドが受けた啓示を文書化したクルアーン（英語表記はコーラン）が編纂された。勢力を拡大し、シリア総督ムアーウィヤは、ウマイヤ朝を建設。西は北アフリカ、イベリア半島、東はホラーサーン（現在のイラン北東部およびアフガニスタン北西部にまたがる地方）まで手中に収め、アラブ人が他の民族を支配する大世界帝国へと発展した。

4　宗教と息　〜宗教は息を大切に考えた

息と空気

　これら宗教でもの四元素の考えは生かされ、教義に空気が組み込まれた。古代ギリシアにおいては、息は人の誕生とともに身体の中に吸い込まれ、中には亡霊のように一生身体に留まるものもあるが、死とともに吐き出され、生気も離れると考えた。「空気」が四元素の一つに数えられた理由の一つでもある。

キリスト教、イスラム教の息

　旧約聖書の『創世記』第2章に、「ヤハウェ（日本語ではエホヴァ、エホバとも記す）神は土（アダマ）の塵で人（アダム）の形を作り鼻の孔に命の息を吹き込んだ。すると人は生きものとなった」とある。息というものが人間を生かしている生命原理として捉えられている。

　10世紀頃、東方キリスト教の修道士たちの間では、「主イエス・キリストよ、神のみ子よ、私にあわれみを垂れたまえ」という祈りが繰り返されたが、全精神をへそに集中させ、鼻孔から吸った息を心臓へと押し送る呼吸訓練で魂の平安を達成しようとした。

　イスラームの聖典クルアーン第15章の中では、主が天使たちに向かって「私は陶土すなわちかたどった黒泥で人間たちを造ろうと思う。私がそのかたちを作って、これに私の息を吹き込んだなら、お前たちはひざまずいて礼拝せよ」と述べている。また後になって、信仰告白に「アッラーのほかに神は絶対に存在しない」と唱えて祈るようになったが、その際の呼吸法が詳しく指示されている。

016　第1章　空気とは何か

息を吹き込んで人を誕生させ、また人工呼吸で甦生させるのは、生理学的にも大きな意味をもっている。吐く息に残っている酸素が人の動きの止まっている肺に入って行くことは呼吸を行うには不可欠である。忘れてはならないのが、二酸化炭素も必要なことである。二酸化炭素が増えてくると、これが呼吸中枢神経に作用して呼吸を目覚めさせ、この含量が1.6％になると呼吸量が2倍になり、5％になると3倍になる。

仏教と息

　仏教は紀元前5世紀頃北インドで釈迦によって開祖された。釈迦はバラモン教の修行から入り、死後に幸福に生まれ変わるという輪廻転生の世界観から離脱して、「自らの清らかな行いによって、この世で幸福になれる」という指標・規範を示した。

　人間が少しでも病の不安から解放され、苦しみの少ない日々を送るためにはどうしたらよいか懸命に模索し、ついに息をする方法と瞑想法に辿り着いた。これを経典『大安般守意経（だいあんぱんしゅいきょう）』にまとめた。日本では『安息経』とも呼ばれ、呼吸のリズムが詳しく述べられており、息にもっと意識をもっていくようにと教えている。

　中国において隋の時代（6世紀）に大乗仏教の一つである天台宗が誕生し、唐に渡った最澄によって平安時代初期に日本に伝えられた。天台宗に『天台小止観』という坐禅の教科書といわれる有名な書物がある。この中でも呼吸法が次のように説かれている。

「息を調えるに風・喘・気・息の4つがある。前の3つが不調の相で、風は音をたて鼻息荒く呼吸すること、喘（ぜん）は息が滞り喘鳴が聞こえること、気は音も滞りもなく、出入細くなきこと。息は出入り綿々としてありやなしやごとく」。この「息」こそが呼吸法の極意で、身を助けて深い喜びを抱く、瞑想に入るものとしている。

　息は呼吸によって身体に出入りする「風」にほかならないが、命を吹き込み、生命を維持する上で、最も重要なものであると認められていた。

ルネサンス期の画家
ルーカス・クラナッハ作『アダム』

1-2 | 風と分子の移動
分子はどのようにして旅をすることができるのだろうか

1 ぶつかりあうブラウン運動

ブラウン運動

　19世紀（1827年）になってからであるが、ロバート・ブラウンは、水の浸透圧で破裂したサンジソウの花粉から水中に流出して浮遊したデンプンやタンパク質の微粒子（花粉そのものではない）を顕微鏡で観察していた。するとこれらが静止してはおらず、ランダムな運動をしていることを発見した。この運動は、半径0.5ミリメートルほどの微粒子が周囲の水分子との衝突で突っつきまわされるため起こるものであることがわかり、「ブラウン運動」と呼ばれる。

平均自由行程

　空気分子は活発に動いているが、それだけでは風になれない。空気分子は、1立方センチメートル（cm^3）に2600京（$=2.6×10^{19}$）個あり（注3）、毎秒、50億（$= 5.0×10^9$）回もの衝突を繰り返している。ある方向に進もうとして、次に隣の分子に衝突するまでに飛んでいける距離を科学では「平均自由行程」という。自由な行動とはいえわずか10マイクロメートル（μm、$1\mu m = 10^{-6}m$）にすぎない。そのまま気体で観測することは難しいが、これもブラウン運動として観測することができる。線香の煙を使って200〜600倍の顕微鏡で観測すると、煙の微粒子が静止しておらずに不規則な運動をしており、これが気体分子に突き動かされていることが分かる。

（注3）　和算で使う数字の単位：兆（ちょう）10^{12}　京（けい）10^{16}　垓（がい）10^{20}　正（せい）10^{40}　載（さい）10^{44}

空気塊

　空気分子はこのように群れているあいだに十分混じり合い、温度・湿度が均一な集合体となっている。これを空気塊と呼ぶ。
　シャボン玉や風船の中には、息を吹き込んで閉じ込められた空気分子が入ってい

018　第1章　空気とは何か

る。この空気分子は互いに衝突を繰り返すだけでなく、シャボン玉や風船の内壁にぶつかり、内側からの「圧力」ともなっている。この空気分子の圧力が、外壁に衝突する外側の空気の圧力（大気圧）と釣り合うことでシャボン玉や風船の大きさが決まる。ただし後者の縮めようとする力には、石鹸水の表面張力またはゴムの弾力が加算されることを忘れてはいけない。

　シャボン玉も風船も、割れるとその衝撃で空気は乱れるが、もしそっと壁をとりのぞくことができれば、やや気圧の高い小さな空気塊のモデルができる。

2　背中を押す「ふいご」の仕組み 圧縮空気

初速度

　空気（塊）が一方向に大きく移動するためには、背中を押されてその方向の「初速度」を得ることが必要である。人の呼気や自然界の風がこの役割を果たす。風とは空気の塊の移動のことで、空気の塊の積もり方、つまり密度の違いによって、気圧差が生じて「風」が起こる。

くしゃみと吹く息

　「くしゃみ」の初速度は毎秒30メートル（m）、到達距離は5メートルといわれる。「息」を強く吹くと生じた気圧差は2〜8キロパスカル（kPa）になる。人は古くからこれが「火をおこす」のに有効であることを知っていた。しかしながら、強く吹く息だけでは青銅器や鉄器の冶金を行う火力を得るには不十分で、紀元前30世紀にはブローパイプ（吹きざお、火吹き筒）を使って風の強さを増し、火の温度を高くすることが考案されている。今日でもキャンプやかまどでピンポイントに火を起こし燃え広がらせるのに使われている。

ふいごの誕生

　手や足を使って風を効率的に送り込む器具「ふいご」が誕生したのは、紀元前15世紀頃である。弁が付いた袋に空気を吸い込んだ後で袋を圧縮すると、空間の体積が縮小するため、圧が上がる。これにより一方のノズルから風を一定時間押し出すことができるという装置である。改良は加えられながらも、18世紀の中頃まで世界中で

ふいごが活躍した。空気塊は、互いに発散・収束を繰り返すことで、中の空気分子は離れたり混じり合ったりする。

3 風は空気の流れ

風と文化

　空気は見えないが、この塊が動いて風となるとその存在を感じることができる。風が空気の流れであるという考えは、エンペドクレスをはじめ何人かが気付いていた。アリストテレスは、風や雨の実体について、地上に2種類の蒸発物があって、一つは湿ったもの（水蒸気）、もう一つは乾いたもの（煙など）であるとし、それらが太陽の熱などによって運動すると論じた（図1参照）。

　彼はまた北風や南風が吹く理由など、例えば、ギリシャや東部地中海地域に特徴的な夏期の強い北風が、夏至や冬至、あるいは夜間に吹かない理由をほぼ正しく言い当てている。

　どの国でも地域でも、その地球上の位置や地形に固有なさまざまな風が吹く。風は季節、その強さ、方向、持続時間で独自の名前を持っており、文化と密接に結び付いている。わが国に限っても、春一番、春の風、こち、春埃、南風、夏嵐、薫風、朝凪ぎ、夕凪ぎ、秋風、はつあらし　秋の初風、野わけ、颱風の眼、雁渡し、木枯、空っ風、北颪、隙間風、やませ、つむじ風、と和歌・俳句の季語にもなっている。宮沢賢治は風の精とし「風の又三郎」を登場させた。

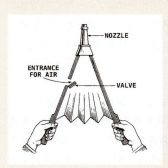

一般的な
ふいごの構造

オルガンや吹奏楽器は、風で鳴る。風は雲を動かし、雨を降らせるきっかけとなる。したがって季節の農作業を始めたり、帆船を繰り出し漁や旅に出るタイミングを知らせる。

人の命は産声で始まり、最後の一息で終結する。動物の皮膚や植物の葉から水蒸気の蒸発を促進させることにより、健康を保ち、命を支えている。

海辺のそよ風

風のエネルギー源は、地球を暖めている太陽（エネルギー）である。暖める場所や暖められるものによって空気塊に温度差が生じ、密度が変わり、気圧の不均一や気圧の傾きが生まれ、風が発生する。沿岸地域では、昼間は海から陸地に向かって、夜間は陸から海に向かうそよ風が吹くことが多い。その切り替わりの時間帯に風が止まることを凪ぎという。

海水は、比熱（物質の温度を単位温度だけ上昇させるのに必要な熱量）が大きく、陸地よりも温まりにくく冷えにくい。昼は、暖かい陸地の空気は温められて上昇していくため分子が少なくなり、1hPa（ヘクトパスカル、約千分の1気圧、1気圧＝1013hPa＝101300Pa（パスカル））ほど低気圧になる。そこに海上の冷たい空気の分子が移動してくる。夜は反対に海上の空気はあまり冷えず、陸上の空気が先に冷えて高気圧となり、陸風が吹く。

偏西風

太陽が地球大気を温めるのを地球規模で考えると、赤道付近では熱が供給過剰、極地方では放出過剰となっている。そのため、熱が余っている赤道付近から、熱が不足している極地方へと熱が移動する。この担い手が大気と海洋の流れ、すなわち「風」と「海流」である。中緯度から高緯度地域では大気の、低緯度地域では海流の比率が大きい。赤道地方は常に暖められ軽くなった空気塊がいつも上昇している。もし地球が自転していないとすれば、単純に赤道で上昇して南北両極で下降する大気の対流となるだろう。地上では極地方から赤道に向かって吹く風、すなわち北半球では北風、南半球では南風となるはずである。

実際には地球は自転しているので、この運動による一種の慣性力（転向力、コリオリの力と呼ばれる）が大気の流れに作用し、赤道で上昇し極に向かう空気には進行方向に対して右向きの力が働き、中緯度から高緯度にかけて（緯度にしておおよそ30〜60°）起こる「偏西風」となる。

第1章　空気とは何か　**021**

ジェット気流

　偏西風は南北に蛇行することにより、さらに赤道から極に向けて熱を輸送する。蛇行は数千キロメートル（km、1km = 1000m）を越え、一日当たり500～800キロメートルぐらいの速さで西から東へ進む。高度1万メートル、すなわちジェット機が巡航する高さ付近の最も速い偏西風部分を「ジェット気流」といい、この風速は毎秒40～60メートルで、冬期には100メートルに達することもある。ヨーロッパへ旅行する際に、行きの飛行機の方が帰りよりも時間が掛かるのは、ジェット気流に逆らっているか乗っているかの違いである。

　台風の進路を思い出してみるとよい。北緯5度から20度付近で発生した熱帯低気圧が、貿易風に乗ってまずフィリピンや台湾を目指して西進する。それが、太平洋高気圧の縁に沿って進路が転向し、偏西風の影響で東寄りに北上し、ジェット気流の強い地域に入ると速度を速めて東進し、日本に接近する。その後海水温や気温の低下、上陸によって勢力を弱めていく。

図2　偏西風と貿易風

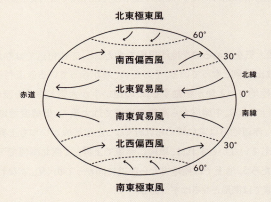

極偏東風と貿易風

さらに高緯度の所から極（60〜90°）では、冷たい空気が大気の低いところ（地表付近）に溜まり、極高圧帯を作る。この極高圧帯から低緯度側に向かって吹き出す風も、地球の自転による転向力の影響で右寄り、すなわち西向きに曲げられ、東寄りの風となり、「極偏東風」となる。

低緯度（0〜30°）でも赤道付近に向かって吹く風は西向きに曲げられ、北半球では北東風、南半球では南東風となり「貿易風」といわれる。

ローマは北緯41度54分、東京は北緯35度41分に位置する。高度の高い所で、分子の移動を支配するのは主として偏西風である。これらの大気の運動のエネルギーは、冷気が暖気の下にもぐり込み、暖気が冷気の上に昇ることによって生じる位置エネルギーの減少分によってまかなわれる。それが低緯度の北東貿易風、中緯度の偏西風、高緯度の極偏東風のエネルギーを供給する。このように空気がよく動き混じり合うのを大気循環というが、これが起こるのは高度12キロメートルあたりまでで、これを対流圏と呼び、それより高い所が成層圏となる。

カエサルの呼気由来の分子の中にも、ジェット気流に乗ってまたたく間に地球を一周し、その後、何度も舞い戻って来ているものもいる。あるいは高緯度低圧帯で極偏東風と混じり合い、北極や南極の空に運ばれて雪やブリザードとなって地上に積もってしまった分子もいることだろう。

COLUMN 燃える氷〜氷床に閉じこめられた空気

南極大陸に存在する巨大な氷の塊（氷床）には、過去数十万年の間に雪とともに堆積したさまざまな物質が保存されている。それは、過去の気候や地球環境についての貴重な情報源である。氷床から掘削した氷に含まれる空気成分の解析から、過去の地球環境に関する重要な知見が得られている。例えば、産業革命以降に顕著になった、二酸化炭素濃度の増加とそれに伴う地表温度の上昇もその一つである（6章参照）。

ところが最近になって、氷床深層部では「メタンハイドレート」（水分子の間にメタン分子が取り込まれた固体）が生成されるなど、取り込まれた特定の分子が安定化する「クラスレート」現象が発見された。氷床内の空気分子に、残りやすいものと残り難いものとがあることが明らかとなってきて、掘削した氷床では過去の大気組成を正確に表していない可能性もありうることが示された。これからの研究課題として、注目されている。

第1章　空気とは何か　023

4 ヴェスヴィオ火山噴火後の分子

大プリニウス

　イタリア・ナポリ県にあるヴェスヴィオ火山は活火山で、有史上何度も噴火している。西暦79年のそれは最も強い噴火の一つであった。火山灰や軽石などから成る噴煙柱は成層圏にまで達した。この噴煙柱がくずれると、巨大な火砕流となって、ナポリ湾の周辺を破壊し、ポンペイ市を住民ごと埋没させた。紀元前8世紀以来活動していなかった噴火だったので、住民は安心しきっており、逃げ遅れてしまった。

　地中海艦隊の司令官として25キロメートルほど離れた南イタリアのミセヌムにいたガイウス・プリニウス・セクンドゥス（略称大プリニウス）は、この火山噴火を目撃し、救助活動のため大型ガレー船に乗り込んでヘルクラネウムからポンペイへと向かったが、その途上で火山の観察を続けるうちに避難が遅れ、噴火による火山性ガスに巻き込まれて帰らぬ人となった。この時の事情を甥が記録しており、彼を指して小プリニウスと呼ぶ。

1822年のヴェスヴィオ火山噴火（プリニー式噴火）を描いたスケッチ
(by George Julius Poulett Scrope)

　大プリニウスは自然と芸術に関する最初の百科全書『博物誌』全37巻の著者として特に有名である。彼はギリシャで花開いた諸学問の流れを汲んでおり、その第2巻の中で、世界はアリストテレスの四元素の土、空気、火、水からなるという考えを示している。人体もその例外でなく、四元素のバランスが崩れると病気になると考えた。ただし、空気は元素の一つではあるものの、それでも呼吸できない空気（窒素のこと）と燃える空気（酸素のこと）があることに気付いていた。空気の流れである風については、地中海沿岸の地域、時間、季節ごとの風の名前と特徴を詳細に記述している。プリニウスは火山現象をさらに調べようとして命を落とした。

第33巻では、鉱物、金属、宝石を色や結晶面で観察し、荷重をかけて引っかく（スクラッチ試験）ことで硬度を見分ける分析法にも通じていた。この中で「金属の酸化物を木炭により火とふいごを使って還元し、高温で再び空気によって酸化させるという精製法とこれに使う炉」のことを記述しており、物質の研究で後のヨーロッパにおける錬金術の時代（14世紀〜）を大きく先駆けていた。

大プリニウス（23〜79年）肖像画

　火山の噴火様式の一つに、爆発的な噴煙柱を形成しその崩壊で大量の火山灰と火砕流を伴い、今日プリニー式噴火と呼ばれるものがあるが、非業の最期を迎えたこの大プリニウスの名前にちなんでいる。

　火山は大小さまざまな岩石や火山灰などを噴出する。ガスでは水蒸気の噴出が圧倒的に多く、次に二酸化炭素が多い。大規模な噴火により、それまではなかった二酸化硫黄、硫化水素、塩化水素、フッ化水素などがさらに加わった。

硫酸のエアロゾル

　地中海からイタリア南部の大気中に居合わせた酸素分子は、噴煙とともに成層圏まで吹き上げられ、そこであるいは地上に降り注ぐ途中で、水蒸気と一緒に二酸化硫黄と反応して、硫酸の液滴でできている霧、すなわち硫酸エアロゾルとなった。これは、成層圏ではオゾン層を破壊する要因の一つとなる。大気圏に降りてくると、酸性雨や光化学スモッグの原因となる厄介者なのである。

　エアロゾル（aerosol）とは気体中に浮遊する微小な液滴または固体の粒子（サイズはおおよそ0.01〜数マイクロメートル）で、容易に沈降せずブラウン運動をしているコロイドの一種である。この粒子の大きさは、目に見える光の波長と同程度なので、光を散乱し、直進性の強い光を当てるとその光路がはっきり見えるのが特徴で、これをチンダル現象という。

　もっと身近な例は、湯気や霧、靄であり、これらは水分子がマイクロメートル（μm）サイズまで凝集した塊が漂っている水のエアロゾルであり、光が当たると白く見える。

　なお、高校理科ではエアロゾルとしているが、国土交通省気象庁はエーロゾルの表記を用いている。

5　中世盛期の移動と自然科学

分子の移動

　分子の移動を促すのは風ばかりではない。ローマ帝国が東に移動したことで、人々や物資はシルクロード（注4）を通って西欧から東洋へ、また地中海を通って北アフリカへ、さらにその逆方向へと、広く移動した。これは分子の旅が盛んになることを意味している。カエサル由来の分子の中にも、人々の体に入ったり、衣服や荷物に付着したりして一緒に旅したものもいたのである。

　11世紀後半から14世紀半ば頃まで気候の温暖化が続いたため、人々の移動はより活発になり、特に中世盛期（11～13世紀）に繁栄をもたらすこととなった。キリスト教徒は聖地エルサレムの奪還のために十字軍を遠征させ、北欧ではヴァイキングが活動した。東アジアで力を付けたモンゴルはチンギス・ハンを初代皇帝とし、中国から東ヨーロッパに及ぶ広い地域を配下に収めた。シルクロードを経由する交易とともに、ユーラシア大陸全域にわたった陸上の人と物の行き来が、最も活発に行われていた時期といえる。

（注4）　シルクロードは前漢の時代（紀元前2世紀）に設けられ、中国と中近東・地中海諸国を結んだ7～8千kmの古代～中世期の道である。北から、草原の道、オアシスの道、海の道の3本のルートがある。物資の交流に留まらず、中国、インド、ペルシャ、アラブ、ギリシャ、ローマの文化交流をもたらした。7世紀のはじめから8世紀の中頃までに最盛期を迎えた。

光の屈折

　往来により、自然科学に関する研究も進んだ。イラクのイブン・アル＝ハイサム（西欧ではアルハゼンの名で知られる）は大気による光の屈折を調べて『光学の書』を著し、朝焼け・夕焼けは大気による太陽光の屈折によるものであると示した。太陽の位置が地平線より下19度に位置するときに朝焼け・夕焼けが始まるという観測によるもので、地球大気の高さが約80キロメートルであることも推算した。日の出・日没時に水平線上にある太陽

アルキメデスの装置が描かれた『光学の書』

がなぜ見かけ上大きく見えるかの正確な解説も行っている。

　後にラテン語に翻訳された『光学の書』の表紙には、太陽光を集めて、シラクサ沖の軍艦を燃やすアルキメデスの装置が描かれていた。21世紀に入って、持続可能なエネルギーとして太陽光が広く利用されている。

6　空気分子が運ぶ脅威

ペスト菌

　十字軍が8度にわたる遠征で持ち帰った戦利品には、とんでもない土産も混じっていた。1347年9月、シチリアの港に帰還した十字軍の艦船はペスト菌を宿したクマネズミを欧州に持ち帰ってしまったのだ。上陸した一人の船員が発病し、わずか3日後には、見るもおぞましい黒紫色に変色して死んだ。これにちなんで黒死病と呼ばれたこの悪魔の奇病は、上陸するやいなやネズミにたかるノミを介して怒濤の勢いで人への感染を東西に広げて行った。

ペストの恐怖から人々が半狂乱になり「死の舞踏」という寓話や美術、音楽の様式が生まれた。上はミヒャエル・ヴォルゲムートの版画『死の舞踏』。

　イタリアの沿岸部の都市を次々と巻き込み、エーゲ海の島々をなめ尽くすと、今度はフランスやスペイン、ドイツをも席巻していった。海を隔てたイギリスも恐るべき魔の手からは逃れることはできなかった。

　こうして欧州は何度目かのペスト（注5）の流行に見舞われた。特にこの14世紀後半の流行は人命のみならず社会制度にも壊滅的な打撃を与えた。祈りによって救われることのない奇病の流行で、キリスト教の価値観は揺れ動き、亀裂が生じ始めることになる。

（注5）　ペスト菌は、腸内細菌科に属するグラム陰性菌である。リンパ節が腫大する腺ペストが進行した結果起こる続発性病気に肺ペストがある。

第1章　空気とは何か　　027

疫病の伝播

14世紀後半のヨーロッパには、疫病が壊滅的に伝播するあらゆる条件がそろっていた。14世紀半ば頃まで続いた気温上昇と適度な降雨は過去のものとなり、当時は低温と多雨、日照不足が続き、食糧生産は停滞し、ヨーロッパは慢性的な飢餓に苦しめられるようになっていたからだ。腺ペストは、ネズミにたかるノミを介して伝染する。イスラームの世界ではこの頃すでに病気に対する感染と隔離の有効性の概念が生まれていたが、キリスト教の世界ではヒポクラテスの「四体液説」（注6）が支配的で、感染を防ぐ正しい対応が遅れたともいわれている。

ノミだけでなく、ペスト患者が菌を含んだ飛沫を咳などにより空中に飛ばし、それを吸ったことによる感染（経気道感染）もある。インフルエンザをはじめ呼吸器の伝染病は、くしゃみや咳に含まれる細菌やウイルスの飛沫感染が主である。空気感染とも呼ばれている。空気を構成する分子に飛沫が付着し、分子が移動したことにより菌が運ばれ、感染が広がった。

（注6）　「血液、粘液、黄胆汁、黒胆汁」の4種類が人間の基本体液であり、そのバランスによって健康状態が保たれるとする考えで、古代ギリシャのヒポクラテスが提唱した。

7　航路の発見と物資の交流

風を利用する

人が風、すなわち空気の流れの力を利用して船を進めようとした歴史は古い。エジプトのナイル渓谷の8000年前の遺跡には、帆を持った舟らしき壁画が残されている。10世紀頃まではアラブ人がインド洋を中心として、東アフリカから中国に及ぶ、帆船による海上貿易ネットワークを構築し、インド洋は「イスラームの海」の様相を呈していた。軽微な風でも航行できること、向きが頻繁に変わる風にも対応できること、嵐の中でも帆を安全に収納できることなどの要件を備えた帆の形が工夫され、アラブ人は独特な海図と航海術を発展させ、夜間の航海も可能にした。アラビアンナイトの船乗りシンドバッドは、この頃のアラブ人船乗りの世界を描いているといわれている。

コロンブス

　ヨーロッパは15世紀中頃〜17世紀中頃まで、インド、アジア大陸、アメリカ大陸などで植民地を開拓するための海外進出を行う「大航海時代」に突入していた。主にスペイン、ポルトガル人によって開始され、英語では地理学上の大発見時代（Age of Geographical Discovery）という。

　イタリアのジェノヴァの商人、クリストファー・コロンブスは、西回りのインド航路を見いだす計画をスペイン国王に支援され、1492年、スペインのバルセロナ港より、旗艦「サンタ・マリア号」で西に出港した。カナリア諸島を経て、西インド諸島に属するカリブ海のサンサルバドル島に到着したコロンブスは、翌年スペインに帰還して、西回りのインド航路を発見したと宣言した。これがアメリカ大陸の発見である。コロンブスがこのときに利用したのが、行きは北東の貿易風で、帰りは偏西風である。その後、盛んになった奴隷貿易でも、同様にこの風が利用された。

マゼラン

　ポルトガルの探検家、フェルディナンド・マゼランは、スペイン国王の援助を得て、1519年、スペインのセビリアから265名の乗組員を5隻の船に乗せて出発した。

　1520年、南アメリカ大陸南端のマゼラン海峡を通過して太平洋を横断し、グアム島に立ち寄りフィリピン諸島に到着した。マゼランはこの地で争いに巻き込まれて1521年4月27日に命を落としたが、セバスチャン・エルカーノが乗船したビクトリア1号が航海を続け、1522年にセビリアに帰港し、世界周航を果たした。帰って来たのはわずか18名であったが、この世界一周はさまざまな意味を持つ。

　まず第1が地球球体説の実証である。古代のメソポタミア神話などでは、地球平面説が受け入れられていたが、ギリシャ哲学によって、われわれの足下にある大地（海を含む）が丸いという「地球球体説」に取って代わられた。これを出張した一人のアリストテレスは、著書『天体論』の中で次のような観察で主張した。

　1）地上のあらゆるものは圧縮・集中によって
　　　球を形成するまで中心に向かおうとする引力をもっている。
　2）南へ向かう旅行者は、南方の星座が地平線より上に
　　　上ってくるのを見られる。

3）月食の際に月面にみられる大地の影は円い。

こうして開発された航路を利用し、多数の人と物資が地球上を行き交うようになった。

飛沫感染の拡大

　しかしよいことばかりではない。自然の風の流れだけでは、赤道を越えて北と南の間の空気は混じり合いにくい。それでも、大気分子が呼吸から船員の体内に入ったり、衣服などに付着して一緒に旅したことで、北半球の分子は南半球にも拡散することとなった。

　実際に天然痘が、メキシコ（1520年代）やペルー（1530年代）の免疫を全く持たない原住民の間に広がり多数の死者を出したのも、分子の拡散のためであるといえる。呼吸器の病気ではないので咳やくしゃみは出ないが、飛沫感染が大きな経路で、2メートル以内に近づくと、患者から出たウイルスの乗った空気を吸ってしまうため、感染したと考えられる。

QUESTION　設問

（1）北緯30度地上1万メートルを吹く偏西風に乗ると、11日間で元の位置に戻ってきます。風の平均速度は何キロメートル／時となりますか。ただし地球の半径を 6,378 キロメートルとし、偏西風は蛇行しないと仮定します。

（2）大きな火山噴火では、その地域または地球規模での温暖化または寒冷化が起きる可能性が考えられますが、それぞれの原因を説明してください。

（3）日本では、どこの火山でいつプリニー式噴火が起きているでしょうか。

（4）海岸気候とはどのようなものか説明してください。

（5）本書を読み始めたばかりの皆さんは、空気の成分とその量を実際にどのように調べますか。

設問の解答はエヌ・ティー・エス　ウェブサイト　http://www.nts-book.co.jp/　「デジふろ」参照

第 2 章

世界の創造主

酸化の魔法

2-1 燃焼
燃焼の謎を解く鍵は分子の変身

1 分子の変身

燃焼

　酸素は、生物の呼吸に使われるだけでなく、山火事、焼き畑農業、たいまつ、焚き火、かまどなどの燃焼を支えている。カエサル由来の酸素分子には、このようにして捕捉されてしまったものも少なからず存在する。

　　① 　植物由来の可燃物（化石資源を含む）＋ O_2 ＝ CO_2 ＋ H_2O ＋ 熱

　燃焼が起きると熱が出るだけでなく、新しく二酸化炭素分子と水蒸気が生じる。空気の分子は、そのまま生き長らえるのではなく、酸素、二酸化炭素、水（水蒸気）など、原子が互いに手を結び替えながら存在している。この変化を化学変化という。

　木や生木を空気が不足している状態で時間をかけ蒸し焼きにすると、二酸化炭素の生成は抑えられるが温度は500～1000℃になり、水蒸気や木タール、一酸化炭素などのガス分が抜けて、炭素分だけが残る。見た目には形は元の木に見えるが黒い炭素の塊となったものが木炭である。同じように石炭からはコークスができる。これらは十分な酸素を供給して燃やすと、二酸化炭素となり煙をあまり出さない有用な燃料であり、還元剤となる。

戦車の酸化反応

　ヴェスヴィオ火山では、大量に噴き上げられた二酸化硫黄に酸素分子が巻き込まれ、硫酸のエアロゾルができたと述べた。これも「酸化反応」である。火山から噴出した二酸化硫黄と、巻き込まれた酸素、火山噴火で大量に供給された水蒸気が反応すると、硫酸ができる（注7）。人はかつて、酸化による分子の変身を摩訶不思議な魔法のように捉えていた。

② $2SO_2 + O_2 + 2H_2O = 2H_2SO_4$

(**注7**) 実際にはこの反応は、上記反応式よりも複雑な経路を辿る。大気中では窒素酸化物NOxが介在し、実験室や工場では酸化バナジウムなどを触媒として必要とする。

　鉄器時代には、鋼（はがね）の精錬法はまだ確立していなかったが、各地の鍛冶屋は、剣の刃に最適な硬さの鋼を作るために、それぞれ試行錯誤しながら炭素含量を決めていた。戦いの道具として最も改善が著しかったのは剣や盾ではなく、意外にも1、2人乗りの二輪馬車「戦車」である。木製車輪のスポークやたがに鉄を使うことにより、より高速でまた遠距離まで疾走できるようになった。

　カエサルも、この戦車について記している。ラテン語で記録した『ガリア戦記』には、紀元前55年イギリスに侵入したローマ軍は、すでに騎兵隊を主力としていたが、戦場でイギリスの2人乗り（1人が運転をし、もう1人が槍を投げ、飛び降りて戦う）の2輪馬車の戦術に苦しめられたとある。

　火山に近いポンペイやヘルクラネウムは、戦略上も重要な位置を占めていた。その2輪馬車の残骸が、さびた鉄として発掘されている。一見燃えないように見える物質も、酸素分子とよく結び付く。鉄の塊は乾燥した空気中では安定であるが、湿った空気中では酸素と水の共同作業で赤さびが生ずる。また鉄を細かい鉄粉やスチール・ウールにすると、酸素に触れる接触面積が増えて、燃やすことができる。

　鉄が燃えるのは、不思議なことではない。寒くなると使い捨てカイロを使うが、これは細かい鉄粉を空気中の酸素を使って、火事にならないようなゆっくりとしたスピードで燃えるようにして、そこから出る熱を利用しているのである（**注8**）。

古代の戦車「チャリオット」。紀元前2600年ごろのシュメール人の都市国家ウルで出土した副葬品。

第2章　酸化の魔法　033

同じ原理は、密閉容器中の食品から酸素を取り除いて賞味期限を延ばすことにも使われている（注9）。この場合、酸素の量が限られているので、発熱は問題にならない。鉄は酸素と結び付くと、酸化鉄$Fe_2O_3 \cdot H_2O$（赤さび）やFe_3O_4（黒さび）ができる。

③　$7Fe + 5O_2 + 2H_2O \rightarrow 2Fe_2O_3 \cdot H_2O + Fe_3O_4$

（注8）　酸化を円滑に進めるため、鉄粉の他に、活性炭、吸水剤バーミュライトと水、・食塩などが加えてある。
（注9）　わが国の企業で開発され、世界的に使われている脱酸素剤「エージレス」は、鉄そのものではなく、部分的に酸化された酸化鉄（II）と活性炭を使っていて、適用用いれば、周囲の酸素濃度を0.1％にまで抑えることができる。

還元反応

酸化の逆が還元反応である。二酸化硫黄（SO_2）が酸化されて硫酸になるということは、SO_2が酸素を還元していることでもある。

二酸化硫黄はローマ時代よりワインの製造と密接に結び付いていた。まず発酵に使う大樽の殺菌に硫黄を燃やしてSO_2で燻した。次にぶどう果汁の酸化防止や雑菌の繁殖防止に、ピロ亜硫酸カリウム$K_2O_5S_2$（SO_2が水に溶けて生成すると考えられる亜硫酸H_2SO_3を水酸化カリウムで中和して作る）を添加する。今日でも最も有効な添加剤であり、通常ワイン1リットルの中にSO_2に換算して10〜20ミリグラム（mg、1g ＝ 1000mg）含まれている。EUの規制では、10ミリグラムを越える場合には「亜硫酸塩を含む」とビンに表記しなければならない。赤ワインで160ミリグラム、白ワインで210ミリグラムを越えてはならないとされている。

使い捨てカイロの燃えかす、鉄さび、鉄鉱石、砂鉄など、酸化した鉄を還元することで、鉄を取り出すことができる。

プリニウスが『博物誌』に書いた精錬法も、今日、溶鉱炉の中で行っている反応も、酸化鉄を炭素で還元したものである。初期の製鉄炉は木炭と鉱石を層状に装入して、ふいごなどで空気を送って燃焼させていた。しかし固体と固体の反応は、接触面積が限られるため遅い。必ずしも炭素が直接還元剤として働いているのではなく、そのとき生じる気体の一酸化炭素COによって酸化鉄を還元したものと思われる。いずれにしても、鉄に捉えられていた酸素は二酸化炭素となって再び空気中に戻ってくることができる。

034　第2章　酸化の魔法

④　Fe$_2$O$_3$ + 3C + O$_2$　→　2Fe + 3CO$_2$

　空気中に酸素があり、それが色々な物質と手を結ぶのが酸化であるということが分からなかった当時の人間にとって、世界は謎だらけだったに違いない。

呼吸とグルコース

　呼吸も燃焼と同様の反応がみられる。呼吸により細胞内でグルコース（ブドウ糖）が酸素と反応し、二酸化炭素と水が生じる。ここまでは同様だが、内容は多くの酵素や補酵素が関与する多段階反応であり、熱の発生を押さえ、できるだけ効率よくエネルギーのもとを作るようにしている。エネルギーは、生物体の中でATP（アデノシン3リン酸）と呼ばれるかたちで蓄えられる。グルコース1分子から理論的には最大で38分子のATPが得られるが、実際はそれに達していない。

⑤　グルコース（C$_6$H$_{12}$O$_6$）+ 6O$_2$ + 38ADP + 38 Pi
　　　　　　　→　6CO$_2$ + 6H$_2$O + 38ATP

図3　呼吸でATPが生成される仕組み

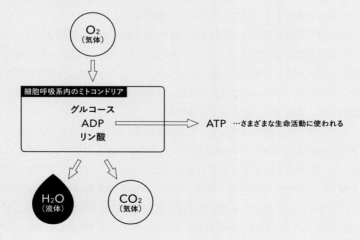

第2章　酸化の魔法　　035

2　宗教と火の関係

火という存在

　神という存在と同様に、火もまた人間が生きていくうえで欠くことのできない存在である。火山の噴火や爆発によって生じる火砕流は恐ろしいものだが、炎の輝きや暖かさは大きな魅力でもあったからだ。暗闇の中で見る炎に、太陽か月を身近に引き寄せたように感じたことだろう。

　人類の進化・発展は、50万年程前に火を自分で起こせるようになったことにあるといっても過言ではない。火の暖かさで寒さをしのぎ、恐ろしい暗闇を照らして獣を追い払うとともに、動物の肉を焼いて保存性を高め、おいしく食べられるようにした。粘土を焼いて器や住まいの材料にしたり、便利な道具をたくさん作り出した。火によって人は、生きていくための不安や不便を取り除いていき、代わりに文明や文化を作り出すゆとりを得たのである。ギリシャ神話では、プロメテウスがオリュンポス山のゼウスの元から雷光を使って乾燥したフェンネルの茎に火をおこし、盗んで来て人類に与えたものとされる。

　いつの頃からか、祈りの場では灯明が焚かれるようになった。古代ペルシャを起源とするゾロアスター教は、紀元前1千年紀の前半、イラン東部からアフガニスタンを含む中央アジアの西部で成立し、その後、アケメネス朝の時代にはイラン高原にも浸透するようになっていたと推測される。

　世の中の事象を善と悪に分ける二元論的な宗教であり、開祖ゾロアスターが点火したとされる火が絶えることなく燃え続けている。ゾロアスター教においては、世界は光明をつかさどる善神のアフラ・マズダーと闇の世界を支配する悪神アンラ・マンユの闘争の場と見なされ、火はアフラ・マズダーの象徴として特に重視され、信者は炎に向かって礼拝する。

　ユダヤ教も火に関わりがある。紀元前330年、アレクサンダー大王がパレスチナに踏み込んで以来、この地ではギリシャ化が進み、ユダヤ人の独立は叶わなかった。紀元前164年キスレヴ月の25日になってようやくユダヤ独立運動が功を奏し、エルサレムを奪還、神殿からゼウス像を取り去って「宮潔め」を行うことができた。この勝利でユダヤ教絶滅の危機を乗り越えたことを記念して、毎年12月の中旬ハヌカの祭りが行われる（ハヌカはヘブライ語で「捧げる」の意）。神

殿を清めて祈りを捧げた際、1日分しか残っていないと思われた油皿のオリーブ油が8日も燃え続けたことから、この祭りではロウソクを8日間灯し続ける。キリスト教がローマ皇帝によって公認された頃には、教会ではエジプト由来ともいわれる蜜蝋キャンドルが灯されていた。

ロウソクの仕組み

ロウが熱で溶けて液体になり、毛管現象で芯の上部に吸い上げられ、火で熱せられて気体になり、その気体が燃えて炎となる。芯の近くのやや暗い部分は、未燃焼のロウの蒸気（気体）でできている。明るい炎の部分は、外側の炎に邪魔されて少し酸素不足となって燃えている。燃えきれない不完全燃焼のロウの気体からできた煤（炭素の微粒子）が熱で光る固体放射である。その温度は1300〜1400℃になっていると推定される。

ハヌカの祭りで用いられる燭台

ロウソクを消した時にできる白い煙は蒸発したロウで、その際の匂いはロウの匂い。これを嫌う場合には、芯をハサミなどで溶けているロウの中に倒せば防げる。（倒した芯はすぐに起こしておこう）

ロウが溶けて液体になり、毛管現象で芯の上部に吸い上げられるためには、ロウソクの種類や燭台の構造にもよるが、ロウに接触している芯の部分が200℃ぐらいに加熱されている必要がある。そのためには燃えているロウソクの周りの空気中の酸素濃度は通常の20.8％から下がっても15％は必要である。閉じたガラス鐘の中でロウソクを燃やし、ロウソクが消えた時点で、その空気中の酸素はまだこんなに残っている。

1本100グラムのパラフィン製ロウソクが燃えきるには、345グラムの酸素が必要である。人は激しい運動をしていない限り、呼吸で一日に約750グラムの酸素を消費する。ロウソクを燃やし続けたとして、2.2本分に相当する。山林火災や焼き畑農業がいかに多くの酸素を消費し、二酸化炭素を大気中に放出しているか

第2章　酸化の魔法　　037

が分かる。

　ロウソクの炎の神秘性には科学者をも引きつけるものがあり、1861年にはマイケル・ファラデーの名著『ロウソクの化学史』を生んだ（95ページ参照）。20世紀の後半になると、炎に横から数千ボルトの電圧を掛けると、炎がマイナス極の方にたなびき、炎の下部はプラス極の方に膨らんでいることが実験で示された。炎の中にわずかながら熱電離によるプラズマが発生しており、炎の上部にプラスイオン（恐らくプラス電荷を持つ炭素クラスター）ができ、下部に電子が溜まっていることが示された。また強い磁石を近づけると炎は磁石を避ける動きを示した。これは炎が反磁性体であるためと説明されている。

宗教と水の関係

　水もまた、さまざまな宗教儀式や祈りに欠かせない。聖水という特別の意味を持つ水がある。ローマカトリックではルルドの泉、ヨルダン川の水、ヒンドゥー教ではガンジス川の水、イスラム教ではメッカのザムザムの泉など、特定の水を飲んだり、沐浴に使う。バラモン教では水が神格化され、修行僧は水ガメを持ち歩いた。

　祈りを捧げる前には、身を清めなければならない。神道では代わりに、参道の脇にある手水舎という場所で、手と口を清める。イスラム教ではモスクで礼拝をする際には毎回さらに厳格に身を清める。カトリック教会でも入口に水盤があり、信徒となる入会儀式に洗礼を受ける。水がさまざまな物質を溶かすことができることを人は知っているからであり、聖霊に結び付く尊いものを含み、また汚れを洗い流すために使われる。釈迦の誕生を祝って九頭の龍が天から甘露を注いで産湯を使わせたという故事にちなんで、日本では4月8日の花祭り（灌仏会）で甘酒を誕生仏に注いでいる。

　宗教儀式で欠かすことのできない灯明（ロウソクなど）と聖水は、空気分子に対しても見落とすことのできない役割を果たしている。

　油脂の燃焼で生じた二酸化炭素は水盤の水に溶けると炭酸になる（⑥式）。逆反応で二酸化炭素と水に戻る際に、酸素原子のスクランブルが起き、もともと二酸化炭素に含まれていた酸素原子が水の中に取り込まれることもある（⑦式）。

　元はといえば、CO_2の酸素原子は酸素（O_2）から来ているので、カエサル酸素

は大気中の二酸化炭素にも水蒸気にも自在に姿を変えることができるということである。ただし再び O_2 に戻りたいと思っても、それは簡単ではない。

⑥　$CO_2 + H_2O \rightarrow H_2CO_3$
⑦　$H_2CO_3 \rightarrow$（約30秒）$\rightarrow H_2O + CO_2$

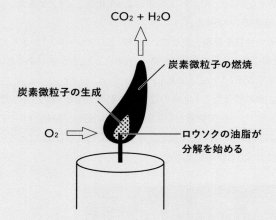

図4　ロウソクの燃焼

2-2 錬金術と近代科学
ロジャー・ベーコンら錬金術師による実験

1 錬金術から化学へ

生命の精への到達

「神」が世界を創造した過程を、人の手によって再現しようとする大いなる野望と作業の一つに「錬金術」があった。

物質には、その性質を具現化させている「精（エリクシール）」があり、これを解放して再びその性質を得ようとする思想である。たとえると、金が金であるという性質を取り出して再び金を創るということである。

そうして、生命の根元たる「生命の精」への到達こそが、錬金術の究極の目的であった。その過程で、一般の物質を「完全な物質」に変化・精錬しようとする技術が磨かれた。さらには、人間の霊魂を「完全な霊魂」に変性することによって、病を治し、不老長寿を全うさせようと目指した。

ピーテル・ブリューゲル作『錬金術師』
16世紀の錬金術師の実験室の様子を描いている。

この錬金術は、メソポタミア（注10）、エジプト（注11）、ギリシャ、中国の各古代文明において同時進行的に発展した。6世紀頃には、アレキサンドリアから東ローマ帝国にさまざまな知識が流入した際に、錬金術が伝えられた。また7世紀にムハンマドが

アラブ民族を統合してエジプトなどを侵攻した際、錬金術に関する書物を持ち帰ってアラビア語に翻訳し、イスラーム社会に錬金術が広がった。

（注10）　紀元前650年代、青銅器文明が栄えたメソポタミアでは、精錬の技術が進化・発展した。銅や錫鉱石は母なる大地の被創造物として固有の生命を持っていると考えられていた。

（注11）　エジプトのアレキサンドリアでは、錬金術の守護神ヘルメス・トリスメギストスの伝説が生まれた。紀元前3〜後3世紀に、その宇宙観と金属加工の工程が定式化され、西洋の錬金術の起源となった。錬金術を記載した『ヘルメス文書』が紀元前100〜200年頃に書かれ、写本が3世紀頃に完成した。

アラビア社会で芽生えた化学

アラビア各地で錬金術は栄え、偉大な錬金術師を輩出した。その中の一人ジャービル・イブン・ハイヤーン（西欧ではゲーベルとも呼ばれた）はホラーサーンで生まれ、アッバース朝イラクのクーファで8世紀の後半に活躍し、大量の著書を残した。

彼はアリストテレスの四元素説にクルアーンを秘教的に解釈したシーア派の思想を取り入れたといわれる。四元素のうち、火は熱と乾燥、土は冷気と乾燥、水は冷気と湿気、空気は熱と湿気という性質・作用を備えており（14ページ図1参照）、金属ではこれら性質の

錬金術師ジャービルの想像画

うち2個ずつが内側と外側に来ていると論じた。例えば、鉛は冷たくて乾いているが、金は熱く湿っている。ある金属のこれらの性質を変化させると、別の金属となる。具体的には、金属の性質は硫黄と水銀の比率で変性し、卑金属から貴金属の区別が生ずるとする、錬金術の核心であり次の章で述べる金属の硫黄―水銀説を提唱した。金を溶かす王水の発見者でもある。

硫化物からヒ素やアンチモンを単離し、金属の精製法、鋼の精錬法、蒸留装置を考案し、食酢を蒸留濃縮し酢酸を作るなど、後の化学で用いられる方法を数多く発明した。そのような実験を重視する態度から、金属や化学物質が基本的な重量を持ち、反応に際して化学量論的な関係があることをも解明していた。ジャービルは現代化学の祖父といってもよい。

つまり錬金術は、「貴金属ではない卑金属を金に変えようとする似非化学」なのでもなく、近代化学の発展を妨げたのでもないので、誤解してはならない。

第2章　酸化の魔法　041

2 近代化学と賢者の石

近代化学の基礎として ～アラビア経由の古代ギリシア文明

中世になると、イスラーム世界で発展した錬金術が、西欧社会に逆輸入され発展するようになった。十字軍やテンプル騎士団によって、地中海沿岸の一諸国から神秘思想と錬金術が、航海術、代数学、化学、医学、ガラス製造、絹・毛織物、サトウキビ、綿、果物、緋色に染め付ける染料などとともに持ち込まれたためである。

現在の日本でも、アルケミー（錬金術）、アルコール、アルカリ、アルジブラ（代数）などの言葉が使われているが、これは「アルカイダ」や「アルジャジーラ」でおなじみのアラブ語の定冠詞がついた言葉で、西欧経由で定着したものである。

錬金術は、鉱石と呼ばれる岩石から、輝く銅、鉛、鉄、銀などを取り出す金属加工技術であるが、秘教として長らく神聖なものと見なされ、近代化学の基礎が作られる16世紀まで、全ヨーロッパを風靡した。

西洋中世の錬金術師たちは、卑金属を金・銀などの貴金属に変化させたり、不老不死の万能薬を作り出そうと試みていた。彼らは「賢者（ルビけんじゃ）の石」、または「哲学者の石」と呼ばれる物質を探し求めた。触媒となる霊薬のことで、これを使えば他のあらゆる物質を金に化かし、また万病を癒す力があると信じていた。

錬金術師ロジャー・ベーコン

イギリスの哲学者でフランシスコ派の修道士であるロジャー・ベーコンは、錬金術師でもあった。オックスフォード大学（大学としての正式な創立年は1167年とされる）である日ベーコンは金を作る実験を行った。水銀と硫黄の化合物である硫化水銀は赤色をしている。これこそが「賢者の石」であるのではないかといわれていたため、ベーコンはその石を卑金属と共に燃やせば、錫や鉛が金に変わると考えた。はたして、この「賢者の石」に火をつけたところ、石は触媒となって燃え始め、酸素分子が水銀と手をつないだ。硫化水銀が燃えると硫黄が蒸発し、後に酸化水銀（HgO）が残った。酸化水銀は鉛の表面を囲うため、鉛は金色に輝く。これを見た人々は「鉛が金に変わった！」と信じたのである。

⑧ $HgS + O_2 \Rightarrow HgO + SO_2$

このような実験では金を作り出すという本来の狙いを達成することはできなかったが、溶解、蒸留、炎色反応、冶金術など、種々の化学物質を取り扱う技術の発達を促した。試行の過程で化学薬品の発見や実験道具の発明も行っており、その成果は現在の化学に引き継がれている。

実験する科学へ

　科学における実験の重要性を初めて指摘したのもロジャー・ベーコンである。プラトンやアリストテレスのギリシャ哲学に啓発されながら、7部から成る『大著作』を著している。

ロジャー・ベーコン
（1214～1294年）肖像画

　ベーコンはこの著書の中で、既成の権威や習慣からくる先入観や、大衆の意見におもねり、見せかけの知識をふりかざすことの誤りを指摘した。錬金術でまかり通った秘術を否定し、自然の観察や実験を記録し、第三者が再現し証明できなければならないという科学の基礎を提示した。

　また、イスラームの哲学を含む原典を正確に読み、訳すための言語を研究したほか、数学に言及し、幾何学で自然学を解説するべきであると主張した。アル＝ハイサムの著書などから光学も研究し、グローステストやプトレマイオス、ユークリッドらの業績をもとに、レンズの光学、とりわけ像の拡大作用（めがね）と光の屈折に基づいて研究した。凹面鏡についても述べ、顕微鏡や望遠鏡の発明を予測するような文章も残し、人の視覚についても研究した。そして、やがては飛行機や自動車、汽船、潜水艦のような機械を作ることもできるであろうと、未来を予想している。

　科学研究は実験によって行われ、数学的に演練されるべきという考え方は、驚くべき近代性であり、この意味でベーコンは西欧における真の科学の誕生を5世紀ほど先駆けていたことになる。

2-3 | ルネサンス芸術と空気分子
芸術表現にも分子が一役買っている

1 化学目線で芸術を見る

フレスコ画の化学

　芸術も化学反応と無縁ではない。油絵が出現するまでは、絵画の主流はフレスコ画やテンペラ画であった。フレスコ画は古くはルクソール神殿（エジプト）やギョレメの岩窟教会（トルコ）にも見られる。ルネッサンス絵画では、13世紀末期のジョットによる『聖人フランチェスコの生涯』をはじめ、16世紀初頭のラファエロによる『アテナイの学堂』、ボッティチェッリによる壁画やミケランジェロによる『創世記』『最後の審判』、システィーナ礼拝堂天井画（1508〜12年）など、感動を与える絵画がいくつも残されている。

　フレスコ画は、まず壁や天井に漆喰を塗り、その漆喰がまだ「フレスコ」（イタリア語で新鮮の意味）」である状態、つまり生乾きの間に水または石灰水で溶いた顔料で描く方法である。やり直しがきかないため、高度な計画性と絵画の技術力を必要とする。

　漆喰は消石灰（$Ca(OH)_2$）と砂と水からできている。作品を描写している間に、媒剤となる水分がたえず蒸発し、さらに消石灰が空気中の二酸化炭素（CO_2）を吸収して炭酸カルシウム（$CaCO_3$）に変化し固化する。

　原料は石灰岩（$CaCO_3$）で、元はといえばサンゴなどの海生生物の殻が堆積してできたものと、大気中の二酸化炭素が海水中に溶けて化学的に沈殿したものとがある。焼成すると二酸化炭素を放って、生石灰（CaO）となる。これを水和させて消石灰（$Ca(OH)_2$）を作る。空気中の二酸化炭素濃度が高いと漆喰が早く固まり過ぎ、低いといつまでも固まらない。湿度の影響はこれとは逆で、低いと漆喰が早く固まり過ぎる。フレスコ画は自然の二酸化炭素濃度と室温にマッチした技法として完成された。

焼成　⑨　$CaCO_3$（石灰石）焼成　→　CaO（生石灰）＋ CO_2（二酸化炭素）

水和　⑩　$CaO + H_2O$　→　$Ca(OH)_2$（消石灰）

固化　⑪　$Ca(OH)_2 + CO_2$　→　$CaCO_3 + H_2O$

ミケランジェロ作システィーナ礼拝堂天井画

テンペラ絵画、油絵の化学

　水に顔料をなじませ、卵、牛乳などを乳化剤として用いて、木板に描く手法である。有名なレオナルド・ダ・ヴィンチの『最後の晩餐』がこの手法で描かれており、この絵の現状から長持ちしない印象を与えるが、これはテンペラ画が壁画には不向きだからである。

　ボッティチェリの「プリマヴェーラ（春）」は、軽やかな輝きをもつ色彩のテンペラ画が経年による劣化の少ないことを示している。この絵は中央の愛の女神が主題であるが、右端にはギリシャ神話の西風神のゼフュロスが頬っぺたを膨らませて息を吹きかけ春の到来を告げている。

　油絵具は色の源をなす顔料の粉を練り合わせてペースト状にしたものと、パネルやキャンバスなどに固着させる役割を持つ油とから成る。オリーブ油やごま油、菜種油などを使うと乾くのに著しく長い時間がかかり、テレピン油を使うとすぐに蒸発して乾いてしまい、艶が出ない。乾性油の代表である「あまに油」は、油が飛んで乾くのではなく、油自体が化学変化を起こして固まり、絵具をしっかりキャンバスに固着させることができる。

この化学変化は、空気中の酸素による油脂の酸化（自働酸化とも呼ばれる）と、引き続いて起こる高分子化によるものであり、その結果、不揮発性となる。この酸化反応にあたっては、ある種の重金属塩が酸化を促進させることが知られるようになり、「ドライヤー」と呼ばれる。この技法を完成させたのは15世紀の初期フランドル派のヤン・ヴァン・アイクらであるとされている。

イタリアでは、レオナルド・ダ・ヴィンチの『モナ・リザ』など、多数の絵が油絵で描かれた。この絵の背景は、遠くのものほど小さく見える幾何学的な遠近法だけでなく、かすんで見えるという空気遠近法が採用されている。ダ・ヴィンチは乾性油として「あまに油」とともに「くるみ油」を好んで使っており、油彩画が空気に触れると固まってくることを利用して重ね描きするぼかしのスフマート技法を開発している。

ボッティチェリ作
『プリマヴェーラ』

ダ・ヴィンチは芸術家であるだけでなく、科学者、エンジニアとしても数多くの業績を上げている。

空気については、これに2つの成分があり、一つはものが燃える際に消費される成分で、もう一つの成分は燃焼を助けず、この成分は呼吸の助けにもならないことを記している。このような観察はビザンチンや中国にもあったが、ダ・ヴィンチの優れていた点は、このための実験を考案したことである。

1504〜06年に書き綴った「レスター手稿」には、実験装置のスケッチが残っており、首の部分が細長い丸底フラスコの底に燃えている木炭を固定できるようにし、これ

を逆さまにして水槽の中に立てると、次第に中のフラスコの水面が上昇してくるという発想を綴っている。しかし、火が消えるまでに水面がどれほど上昇するのか、また火力が弱まると中の空気の温度が下がるため液面が上昇するはずであるが、その見積もりなどに関するコメントも見当たらない。

表2　西洋絵画の種類、絵具の媒材と空気とのつながり

	媒材	絵の支持体	空気の影響／役割
水彩画	アラビアゴム／水	紙	湿度（H_2O）が低いと乾きが早い
フレスコ画	水／石灰水	生乾きの漆喰	二酸化炭素（CO_2）濃度が高いと早く固まる
テンペラ画	水／卵・カゼイン（乳化剤）	木板（パネル）	湿度（H_2O）が低いと乾きが早い
油絵	アマニ油などの乾性油	キャンバス、木板	酸素（O_2）濃度が高いと早く固まる

媒材＝顔料を練り合わせて絵具を作るもの

彫刻（石膏）の化学

　彫刻は、花崗岩や固い木材、または青銅をノミで削って制作するのが一般的である。酸性雨や二酸化炭素濃度の高い空気を溶かした雨水は、花崗岩（大理石）を次の反応式に従って溶かし風化させる。

$$⑫\quad CaCO_3 + 2CO_2 + H_2O \quad \rightarrow \quad Ca(HCO_3)_2$$

　石膏は彫刻のレプリカを作ったり、屋内壁面の像や飾り付け、骨折を固定するギブスとして使う素材である。

　焼石膏は、ギリシャ時代から彫刻・塑像の素材として、マスクの型取りなどにも用いられている。ルネッサンス期には型材としての焼石膏の技術が頂点に達した。石膏に耐火れんがの粉を混ぜた鋳造用型材がすでに開発されており、ダ・ヴィンチやヴェロッキオによる青銅の大作は、当時の石膏型の制作技術がいかに高かったかを物語る。水と混ぜると、短時間で固化する。

石膏の固化

$$⑬\quad CaSO_4（焼石膏） + H_2O \quad \rightarrow \quad CaSO_4（固まった石膏）\cdot 2H_2O$$

QUESTION 設問

（1）鉄を錆びにくくするにはどのような方法が考えられますか。

（2）水は相手次第で、酸化剤にも還元剤にもなります。その例をあげてみましょう。

（3）染色も空気酸化を利用することが多々あります。具体例をあげてみましょう。

（4）骨折をした際にギプスで固定する処方を考えてみましょう。

（5）酸素原子を与えること、水素原子を受け取ること、電子を受け取ることを酸化と定義します。燃焼における酸素は燃料に酸素を与えて二酸化炭素を生成し、水素原子を受け取り水を生成しています。酸素は間違いなく酸化剤です。酸素が電子を受け取るとどういう化学種が生まれるでしょうか。

（6）15世紀は、大気中の二酸化炭素濃度は250ppm程度と今日よりよほど低く、また小氷期中で寒冷でした。したがってイタリアに多くの名画が残っているフレスコ画が作られた際には、下地となる漆喰が今日より固まりにくかったと推定されます。この理由を説明してください。

048　第2章　酸化の魔法

第 3 章

サイエンス

魔法の正体

3-1 列伝
革命をもたらした科学者たち

　それまでは哲学や宗教の概念の中で捉えられていた事象は、実験室での再現が試みられ、何グラム、何リットル、何度、何分と数値を用いて定量的に扱われるようになり、「サイエンス（科学）」として認識されるようになった。また発見された規則性はできるだけ一般性を持った数式で表現されるようになった。ついに空気の正体があらわになる時がやって来た。科学者は空気の中に酸素分子をはじめとする、いく種類かの分子が存在していることを発見し、自然の働きを計算できるようになり、やがて自らの文明を創造する時代が始まった。

1　ガリレオ・ガリレイ

それでも地球は回っている

　16世紀に始まった科学革命は、ガリレオ・ガリレイによって華開いた。

　まず、望遠鏡を改良することによって、天体観測の精度を向上させた。倍率20倍の望遠鏡である。これを用いて1610年に木星の衛星を発見するなど、さまざまな観測を通して、地球が宇宙の中心にあるとするそれまでの通説を否定した。

ガリレオが描いた月面のスケッチ

　ガリレオは、ニコラウス・コペルニクスが1543年、没する直前に思索をまとめた著書『天体の回転について』で提唱した「地動説」を支持した。

　太陽を中心に置き、地球がその周りを1年かけて公転するものとして、1恒星年を365.25671日と算出する説で、この著でコペルニクスは、地動説の測定方法や計算方法をすべて記し、1年の長さや各惑星の公転半径を、誰もが測定しなおせるようにしていた。

　ガリレオが著書『天文対話』（1632）などで地動説について言及し始めると、ローマ

教皇庁はコペルニクス説を禁ずる布告を出した。地動説を唱えたガリレオは、1616年と1633年の2度、ローマの異端審問所に呼び出され、地動説を唱えないことを宣誓させられた。この時の「それでも地球は回っている」の呟きは、実際にそう呟いたという確かな証拠は存在しないが、伝説として現在に至るまで語り継がれている。

地球が宇宙の中心にあると唱えていたカトリック教会は、地動説が異端であると断罪し、幾度かの裁判の後、ガリレオを自宅軟禁した。しかしガリレオは天文学以外にも力学、光学を発展させ、ある現象の観察あるいは実験の結果に対して仮説を立て、数学的表現を用いてまとめあげ、その結論を実験による「帰納法」によって実証していった。

大気を物質として捉える

ガリレオは空気（大気）に関しても大きな貢献をしている。それは晩年に発表した『二つの新科学対話』（1638年）に書かれている。当時、アリストテレスの自然論がまだ信じられ、重い物体は軽い物体よりも速く落ちると考える者が多かった。ガリレオは高い塔の上から大きな砲弾と小石を同時に落として見せた。砲弾がはるかに早く地面に落下するものと思って、多くの人が見守っていたが、驚くべきことに、重い砲弾と小石はほぼ同時に地面に落ちた。それらの実験によって、ものに重さがあること、地面に落下するのは引力によって引っ張られることを明らかにした。

コペルニクスの『天体の回転について』 所蔵 京都産業大学

当時、風が空気の流れであることはよく理解されていたが、引力の影響を受けずに漂っているのか、そこには重さがあるのかはまだよく分かってはいなかった。ガリレオは、空気に重さがあるに違いないと考えて、実証する実験を計画した。浮力の影響を除くため、また重さを測る精度を上げるために、ふいごをわずかばかり改良したポンプを使って、空気を圧縮して測定に用い、次の2通りの方法で空気の重さを量ることに成功した。

第3章　魔法の正体　051

空気の実験

1）ガラス製の丈夫な丸型フラスコに、サッカーボールや自転車のチューブに空気を入れるようなゴム製のバルブ（へそ）をつける。ポンプを使ってバルブから空気を圧縮して入れ、その前後で上皿天秤を用いて測り、重さが増えるのを確認した。空気を抜くと元の重さに戻る。今日よく使われる電子天秤や、正確な分銅が当時使えたわけではないので、ガリレオはもう一方の皿には砂を乗せ、バランスをとるために砂を一粒ずつ増減させて測った。こうやって少々圧縮した空気には重さ（厳密には質量）があることをはじめて証明した。

2）空気を満たしたガラスのフラスコに、空気が漏れないようにしながら水を圧入し、3/4ほどが水で満たされるようにしておく。ここでまず重さを量っておく。次に、フラスコの3/4ほどを元々占めていた空気を追い出して、再び全体の重さを量り、その重さの差から空気の重さwgを計測した。残っている水の重さWgを別途量ると、空気の比重はw/Wとなり、空気の重さは水の460分の1であるとの結論に達した。正しくは773分の1である。大きめに出たのは圧縮された空気だったからと考えられる。

論文を印刷する

　この時代の科学者たちは、ようやく発見や自説を論文として印刷し、また著書としてまとめて配布することができるようになっていた。それは1450年頃、ヨハネス・グーテンベルグが活版印刷の技術を確立したためである（注12）。グーテンベルグの偉業の一つは、1455年に42行聖書を大量に印刷することを可能にしたことである。それまでカトリック教会の司祭の手に寡占されてきたキリストの福音を、司祭の口を通さずに直接民衆の手に届けることが可能となった。活版印刷というイノベーションは、ルネッサンスの文学や宗教改革、近代科学の確立へと導く、大きな契機となったのである。

（**注12**）　木版印刷と製紙法はともに8世紀後半の唐時代中国で盛んに用いられ、経典の印刷に用いられた。これがイスラームを経由してヨーロッパに伝わり、13世紀には紙が作られていた。

気付けなかった大気圧

　地球上では、質量があれば地球の重力によって、引きつけられている。つまり空気も重力によって引きつけられ、地表を押す力となる。これを大気圧という。正確には、圧力とは一定の面積1平方メートル（m^2）に加わる力であり、大気圧とは1平方メートルに加わる大気の重さによる力である。

　ガリレオは、公共貯水槽や井戸で行われていた春の大清掃を眺めていたところ、吸引ポンプでは水柱を10.3メートル以上にすることができないことに気付いた。また、遠くから水を引く水道の途中で山を越す（サイフォンの原理を利用）と、10.3メートルを越えるあたりで途切れてしまう。彼は、吸引ポンプを使っても水柱をこの高さよりも高くすることができないことにも気付いたが、その理由を「吸引によって真空ができて水の重さを引き止めるが、その力には限度があるため」と解釈した。当時、多くの学者が賛同していたアリストテレス学派は真空が存在するという考えを否定していたが、ガリレオは真空が存在するという考えには到達していた。しかし、空気の重力すなわち大気圧という存在までには、思いは及ばなかった。さらなる大発見を見逃してしまったニアミスといえる。

ガリレオ・ガリレイ
（ユリウス暦1564〜グレゴリオ暦1642年）
ウフィッツイ美術館のガリレオ像

トリチェリの真空

　この大気圧を目に見える形で示したのは、エヴァンジェリスタ・トリチェリという、ガリレオの晩年の弟子だった。ガリレオが1638年、オランダで『二つの新科対話』を発刊した際に、口頭筆記を担った人物である。師であるガリレオが、1642年に78歳で死去した翌1643年、トリチェリは、次の実験を行った。

　長さ1メートルほどのガラス管に、水銀（水より14倍重い）を満たしてからふたをして、同じく水銀を満たした皿にそのガラス管を逆さにして立てた後、ガラス管のふたをはずす。するとガラス管の中の水銀はすっと下がるが、全部皿にこぼれるのではなく、上端が皿の水銀面からの高さ約76センチメートルで止まる（図5）。

　水銀柱が、それ以上は下がってこないということは、そこには皿の水銀面を押す大気圧（空気の重さ）があり、これとガラス管の中の水銀柱の重さが釣り合っていることを示している。密度の大きい水銀の柱76センチメートルに相当する圧力を計算すると、平均的な大気圧は1気圧＝1013hPaということになる。また、水銀柱の上には何も入り込めないため、真空になっているはずで、この部分を「トリチェリの真空」という。トリチェリは「われわれは空気という大海（大気）の底に沈んで生きている」と言い、これまでなかった認識を初めて示した。

図5 トリチェリの水銀柱

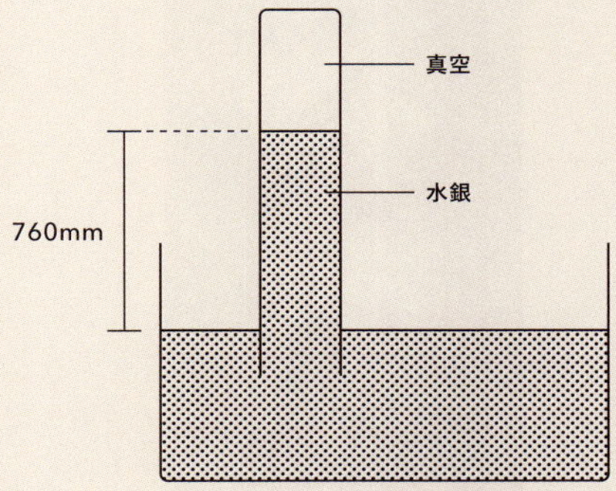

2 パスカルとニュートン

パスカルの水銀柱の実験

当時フランスには、ブレーズ・パスカルという天才がいた。その天才ぶりは三角形の内角の和が二直角（180°）に等しいことを10歳にもならないうちに発見した逸話からも分かるだろう。パスカルは、トリチェリの実験と解釈が正しければ、高い山に登って同じ実験を行えば、水銀柱の高さも下がるはずであり、また地上でゴム風船を膨らませて山に登れば、風船は一層膨らむに違いないと考えた。1648年、自身は病弱であったので、登山での実験は義兄に頼み、水銀の入った圧力計を持って実際に1500メートルの山に登ってもらうと、裾野の町（海抜約500メートル）で

ブレーズ・パスカル
（1623～1662年）肖像画

711ミリメートルあった水銀柱が、予想通り627ミリメートルになった。パスカルは39歳で夭逝したが、「人間は考える葦である」という有名な句や人生論、自然哲学、世界論、信仰を纏めた書『パンセ』が死後出版され、その高貴な精神が多くの人々に感銘を与えた。圧力の単位にパスカルを使いPaと書くのはこのためだ。

ニュートンの万有引力の発見

1665年、アイザック・ニュートンは、22歳で万有引力を発見した。この法則はケプラーなどが行った天体の位置と運動の観測データから導かれた法則であり、二つの物体（厳密には質点という）の間には、質量の積に比例し距離の二乗に逆比例する力が作用するというものである。よく語られているようなリンゴが木から落ちる観察から生まれたわけではない。

ニュートンは物体に作用する力と運動の関係を3つの法則、1慣性、2力と加速度（$F=ma$）、3作用と反作用（$F=-F$）にまとめ、微分積分を使い古典力学大系を築き上げ、近代物理学の祖となった。1687年に全3巻からなる『自然哲学の数学的諸原理』（略称プリンキピア）を著した。ニュートンの運動の法則によって初めて、1章で述べた風の動きと気象についての正しい理解が確立した。

1704年には、気体の研究から、この力学法則に支配される宇宙が極小の浮遊する堅い粒からできているという原子説に到達している。

20世紀になってから、ニュートンの遺髪がウエストミンスター寺院の墓の中から採取された。分析すると多量の水銀が検出された。それは晩年、ニュートンが錬金術にかけた情熱を実証するものであった。

アイザック・ニュートン（1643〜1727年）
宮廷画家ゴドフリー・ネラーによる肖像画

3　ロバート・ボイル

空気は膨らんだり、縮んだりする

アイルランドに生まれ、主としてイギリスで活躍したロバート・ボイルは、やはり卑金属を金に変換できると考えていた錬金術師であった。しかしながら、実験で得られる知識を重要視し、例えば空気ポンプを作り、空気にはどのような性質があるのかという問いに答えた。

1662年に発見した「ボイルの法則」は、ガラスのU字管の一方を封じ、水銀をそのU字管に流し込む実験を行った結果から得られた法則で、それは「温度を一定にして実験をすると、一定量の空気（正確には理想気体）の体積は外からかける圧力に反比例する。すなわち圧力を2倍にすると体積は半分に縮まり、圧力を半分にすると2倍に膨張する」というものである。

ボイルの法則の頭に「温度を一定にして実験をすると」という但し書きが付いているのはなぜだろうか。それは、空気の体積が温度によっても変わり、熱膨張・収縮をするからである。これは、ボイルの発見からさらに

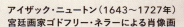

ロバート・ボイル
（1627〜1691年）肖像画
©Science History Institute

1世紀以上経た1787年に、フランスの物理学者ジャック・シャルルによって補完された。シャルルは、温度についての規則性を発見し、「圧力が一定のとき、理想気体の体積は絶対温度に比例する」ことを示した。当時はまだ絶対温度は発見されておらず、シャルルが発見したのは、「温度をT℃で表すと、0℃を基準にして気体の体積が（1＋T／273）に比例する」という関係であった。空気（正しくは理想気体）の体積が、圧力と温度の関数となるという定式は今日ではあわせて「ボイル＝シャルルの法則」と呼ばれる。

空気を抜くとどうなるか

さらにボイルは、簡単な空気ポンプを使った実験も行った。釣り鐘型をしたガラス容器の中にバネで鳴り続けているベルを吊るし、この容器内の空気をポンプで抜いていくと、外に聞こえてくる音は次第に小さくなって聞こえなくなるという実験で、これにより音の伝播には空気が必要であることを証明した（1660年）。

初めて真空ポンプを発明したのは、同世代のドイツの物理学者であり技術者であり、後にマグデブルクの市長となったオットー・フォン・ゲーリケである。銃の筒を使ったシリンダーとピストンとフラップからなる真空ポンプで、接続した容器から能率よく空気を抜くことができる。

オットー・フォン・ゲーリケ（1602〜1686年）彫板

自転車のタイヤ用の空気入れポンプの弁を逆に付け、全体を少々大きくしたものを想定すると分かりやすいかもしれない。

ゲーリケは数々の実験をしたが、中でもトリチェリの真空が発見されてから7年後の1650年に行った「マグデブルクの半球」と呼ばれる、公開で行った実験が有名である。直径51センチメートルの青銅製の半球状の容器を2個合わせて内部の空気を抜くと、2個の半球は大気圧に押し付けられてぴたりと付き、両側から馬8頭で引いても引き剥がすことができなかった。再び空気を入れると、ようやく容易に引き離すことができた。

真空中では、呼吸も燃焼もできない。これにより、真空を忌み嫌って特別扱いしてきたアリストテレス派の哲学者や科学者の迷信をゲーリケは打ち破った。物質が真空によって引き寄せられるのではなく、外からの圧力によって押し付けられていることを示

したのである。またゲーリケは、トリチェリの気圧計を完成度の高いものとし、天気予報に使えることを示した。気象学の元祖でもある。

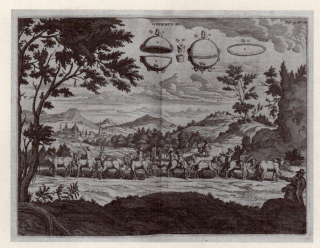
科学者のガスパー・ショットが描いたマグデブルクの半球実験のスケッチ

4 モンゴルフィエ兄弟

熱気球の日

　製紙業者の子息であったジョゼフとジャック・モンゴルフィエ兄弟は、暖炉の煙を紙袋に詰めると、温められた空気によって袋が上昇することを発見した。兄弟は物を燃やした煙の中に、上昇させる成分が何か含まれているのではないかと考え、その煙を「モンゴルフィエのガス」と呼んだ。

　実際は、シャルルの法則が示すように、温まった空気は体積が増え密度が減って、軽くなっているにすぎない。例えば、質量約1.2グラムある1リットルの空気は、温度が0℃から30℃に上がると、体積が2.1倍に膨らむので、1リットルあたり0.57グラムに減る。したがってアルキメデスが発見した水中の浮力と同じ原理で、空気中にある物は、すべてその物と同じ体積の空気の重さに等しい浮力を受けて、その分だけ軽くなっている。

　彼らは実験の成功に気をよくして、より大きな袋（風船）を作成し、1783年6月5日、無人飛行に成功した。同年9月19日にはベルサイユ宮殿でルイ16世やマリー・アントワネットの前で動物を乗せた実演飛行にも成功し、同年11月21日には2人の人間を乗せた気球はブローニュの森から飛び立ち、90メートルの高さで25分間、約8.8キロメートル飛行した。その名「モンゴルフィエ」は熱気球を意味する一般名詞となっており、また6月5日は「熱気球の日」ともなっている。

1783年9月19日の飛行実験

左 ジョゼフ＝ミシェル・モンゴルフィエ（1740〜1810年）
右 ジャック・エティエンヌ・モンゴルフィエ（1745〜1799年）
肖像画

5　空気は混合物である

ボイルによる発見

　以上は大気を物質として捉え、いわばその物理的性質を解明したことになる。さらに科学者は空気が純粋な物質ではなく、いくつかの成分からなることを明らかにしていく。最初にあげられるのが先のロバート・ボイルである。彼は、燃焼や生物の呼吸に必要なのは、空気の全体ではなく、その一成分だけであることを発見した。さらにある種の昆虫や苔類が光を発する生物発光という現象にも空気が必要であることを最初に指摘した。こうして、空気がアリストテレスのいうような単一な物質、すなわち元素の一つではなく、混合物であることをはっきりさせた。ボイルは「元素は混合物や化合物とは異なり、実験によってそれ以上単純な物に分けられないもの」と定義している。『懐疑的化学者』（1661年）には、「化学は、金や不老長寿の薬を目指す錬金術を脱却し、確かな実験と観察に根ざして、物質の成分が何であるかを研究すべき」であると説いた。

メイヨーの実験

　同じ頃（1668年）、イギリスのジョン・メイヨーは、水を張った深皿に置かれたガラス鐘の中にロウソクを立て、容器の外から虫眼鏡を使って光を集光しロウソクに火をつける実験を行った。すると、ロウソクが燃えるにつれて容器内の水面が上昇し、ロウソクの炎が消えると水面の上昇も止まることを観測した。炎が空気中から何か一部を取り込み、水面が上がったという確かな証拠を得た訳であるが、ダ・ヴィンチから150年を要した。また動物の呼吸に必要な空気も、燃焼に必要な空気の一部と同じものであること、そうして、血液が空気に触れると鮮やかな赤色に変ることを発見した。これとは別に、金属アンチモンが燃えると重量が増えることから、空気中のある物質が加わると唱えた。

　メイヨーは、1679年に38歳で亡くなり、彼の発見は忘れ去られた。彼がなおしばらく健在であったならば、フロギストン説は誕生しなかったであろうし、プリーストリーやラヴォアジエたちが「酸素分子」を発見するまで、さらに100年待つ必要はなかったであろう。

フロギストン仮説とそれが支持された理由

ところで燃えるという現象は、空気とどう関わりあっているのだろうか。何か物質がプラスされるから燃えるのか、あるいはマイナスされるから燃えるのかと考えてみよう。

1669年、ドイツでヨハン・ベッヒャーという錬金術師が、燃える物すべてに含まれる「燃える土」という元素を発見したと提唱した。燃えていた薪やロウソクが消えた瞬間を思いだしてみよう。煙がしばし漂い、やがて消えていく。これからヒントを得て、燃えやすい物質ほどこの「燃える土」の濃度が高いとベッヒャーは解釈した。

1703年、ドイツの医師ゲオルク・シュタールはこれに燃素(フロギストン)という元素名を与えた。「もの」が燃えるのは、物質から燃素が空気中に放出されていく現象であり、マイナスのプロセスであると考えた。

1)炭は燃えるとほんの少しばかりの灰が残るだけなので、
　 フロギストンに富んだ物質である。
2)ガラス鐘の中で、燃えていたロウソクがやがて消えたり、ネズミが息絶えるのは、
　 空気がフロギストンで満たされていくためである。
3)錫や鉛などの金属酸化物を木炭と加熱すると(精錬法の一種である)、
　 木炭のフロギストンが金属酸化物に移り、金属が再生できる。
4)金属マグネシウムは燃えると、白い粉状の酸化マグネシウムとなり
　 重量が増える。これはフロギストンが抜けた後に空気が入り込んだためである。

シュタールの説では「普通の空気」は、フロギストンに富んだ空気とフロギストンを除いた空気からなることになる。後者は可燃物のフロギストンとより効率的に結び付くため、「良好な空気」とみなされた。改めて考えてみると、これは酸素の濃い空気そのものと分かる。生命現象にもフロギストンは関わっており、フロギストンの少ない空気ほどネズミが長命であるという観察もなされた。フロギストン仮説は、このようにいくつかの現象をうまく説明することができたこと、また2人が医者で大学教授であり社会的地位が高く、影響力が大きかったため、定量的な実験に乏しかったにもかかわらず、多くの科学者から支持された。17世紀の後半から100年もの長きにわたり、この考えの呪詛から逃れることができなかったのである。化学の世界における天動説のようなものである。

3-2 大気分子の発見

空気分子の正体が明らかになっていく

COLUMN 地球大気成分の変遷 1

　水素の発見を説明する前に、分子の始まりと大きく関わっている宇宙の始まりについて簡単に触れておこう。

　宇宙は高温・高密度の火の玉として誕生し、引き続いて膨張を始めた（ビッグバン）。宇宙は大量の光に満ちていて、膨張によって冷えて来て物質が作られた。最初に素粒子ができ、やがて素粒子が組み合わさり陽子や中性子や電子ができた。宇宙では、陽子と電子がバラバラとなったプラズマ状態にあり、光は宇宙空間を直進できなかった。宇宙が誕生してから約38万年後にこの両者が結合することにより、初めて水素とヘリウムができたとされている。最初に生まれた元素である。これにより、光は宇宙空間を散乱されずに進めるようになったので、「宇宙の晴れ上がり」といわれる。今日宇宙は、その質量の約3/4を占めるダークエネルギーと約1/4を占めるダークマターを除いた、わずか4.9％が原子からなり、その中で水素は最も豊富にある元素であり、総量数比では全原子の90％以上となる。

　水素分子はヘリウム原子とともに原始の地球大気にも沢山含まれていたが、地球の引力がそれほど大きくないので宇宙空間に散逸してしまった。現在、空気中には1 ppmも残っていない。軽すぎて単独には存在できず、何かとくっつかないと地球に存在することはできなかったのだ。約46億年前、誕生直後の地球の表面は、岩石が溶けたマグマの海（マグマオーシャン）に覆われていた。大気はそこから噴出する水蒸気、二酸化炭素、窒素、メタンなどから成っていた。微惑星が地球へ衝突する回数も徐々に減り始めると、高温だった地球の温度が下がり、溶岩も冷え固まりだす。そして徐々に気温が下がると、水蒸気として上空に存在していた水が雨となって、大量に降り続けた結果、マグマオーシャンはそれらにさらに冷やされて固まり、海が誕生した。海ができると大気中の二酸化炭素が急速に海水に溶解し、温室効果が減って気温がさらに低下した（この時、同時に気圧も現在に近い所にまで下がっていった）。

1　水素の発見

水素分子の発見

1671年にはボイルは、鉄と希硝酸を反応させて生じるガスが可燃性であることを記録しているが、これが水素だった。1世紀も経った1776年、イギリスの科学者ヘンリー・キャヴェンディシュは、同様の方法で水素を発生させ、「可燃性空気」と名付けた（⑭式）。「フロギストンを抜いた空気」すなわち酸素と反応して燃え、水を生じることを証明している。また、この可燃性空気の比重を測り、「フロギストンを抜いた空気」の10/108（正しくは10/144）しかないことを発見した。同時にこの発見は、水が元素の一つではなく、化合物であることを証明したことになる。なお、水素という名前が付いたのは、1783年になってからのことである。

⑭　$2H_2 + O_2 \rightarrow 2H_2O$（水蒸気）

水素による気球の飛行

モンゴルフィエ兄弟による熱気球が初めて空に浮かんだと同じ年の数ヶ月後8月27日、ジャック・シャルルも、水素を使った無人のガス気球の飛行実験に成功している（⑮式）。絹製の布袋をゴム張りとし、鉄のスクラップ500キログラムに硫酸250キログラムを注いで発生させた水素ガスをこれに詰めている。さらに380立方メートルの体積をもち2人が乗れる気球を製作して、12月にシャルルと友人ロベールが2時間の有人飛行に成功した。シャルルは、初めて水素気球に乗った人間の一人となった。この時の水素は「標準状態」と呼ばれる0℃と1気圧の状態では、空気1リットルの質量が約1.2グラムであるのに対して、水素の質量はわずか0.089グラムにしかならないことを利用したのである。

ジャック・シャルル
（1746〜1823年）肖像画

ボイルやキャヴェンディッシュ、シャルルによる水素を作った実験

⑮　$Fe + H_2SO_4 \rightarrow FeSO_4 + H_2$

2　二酸化炭素の発見

ヘルモントの実験

　ガリレオと同時代のベルギー（当時のフランドル）に、ヤン・バティスタ・ファン・ヘルモントという化学者がいた。1630年頃彼は次のような方法から出てくる気体が、今日でいう二酸化炭素であることを発見した。

　1）石灰石に酸を注ぐ　2）木を燃やす　3）発酵によって酒を造る　4）温泉から出てくる泡、そのほか燃焼などによって出てくる物質（一酸化炭素、亜酸化窒素等と思われる）。この物質にガスという呼び方を初めて行った。

ブラックの実験

　1750年代になって、スコットランドの医者ジョゼフ・ブラックは、上記の処方の一つである「炭酸塩に酸をかけて二酸化炭素を生成させる」反応で、前後の物質の質量の変化をきちんと量り、化学式⑯の反応でつじつまがあうことを示した。

⑯　$MgCO_3$（固体）$+ H_2SO_4 \rightarrow MgSO_4 + CO_2$（気体）$+ H_2O$

　こうして作った二酸化炭素を消石灰の水溶液に通すと、炭酸カルシウムの沈殿が生ずること（44ページ⑪式参照）を発見し、二酸化炭素ガスを「固まる空気」と呼んだ。さらにはかりを使って、石灰石を焼いて残った生石灰の質量と、そのとき出た空気よりも重い「固まる空気」の質量をそれぞれ量って加え合わせると、最初の石灰石の質量と同じになることを見出した。このことから、石灰石は生石灰と「固まる空気」が何らかのかたちで結び付いたものであると考えた。

　石灰水（生石灰の水溶液）を放っておくと、表面から石灰石と同じ成分の白い粉が膜状に張ってくることから、「固まる空気」は自然の空気の中にも少量含まれていること、また人の呼気の中にはもう少し多く含まれており、この中では動物が生きられないこと、さらに火が消えることを観察した。

　空気に含まれている成分は、不思議なことに、多いものから順番に正体が明らかにされたのではなく、最初に発見されたのは、ごくわずかしかない二酸化炭素だった。ちなみに1772年に、英国の神学者で化学者のジョゼフ・プリーストリーは、石灰石に硫

064　第3章　魔法の正体

酸をかけると出てくる「固まる空気」を水に吸収させることにより、爽やかな味のする
ソーダ水ができることを発明している。

3 窒素の発見

ラザフォードの実験

　ブラックの弟子ダニエル・ラザフォードは、師の実験を一つ押し進めた。1772年、
空気の入ったガラス鐘の中で炭やロウソクを燃やしてこれ以上燃えない状態にし、そ
こで生じた「固まる空気」を石灰水に吸わせた後も、多くの気体が残ることに注意を
払った。その中で生物が窒息死することに気付き、元の空気の中のこの成分を、「フロ
ギストンと結び付いた空気」または「毒のある空気」と呼んだ。

　水素の発見者キャヴェンディシュも1785年に、この毒のある空気は普通の空気の
中に79.16%含まれることを示した。このようにして窒素が発見された。

4 酸素の発見

　イギリスのユニタリアン教会の牧師でもあったプリーストリー、スウェーデンの薬剤
師シェーレ、フランスの化学者ラヴォアジエが登場し、現代の科学上の発見の熾烈な
優先権争いを彷彿とさせる競争が繰り広げられる。

プリーストリーの実験

　1774年8月、ジョゼフ・プリーストリーは、水に伏せたガラス鐘の中で酸化水銀HgO
（水銀灰とも呼ばれる）に外から凸レンズを使って太陽光を集光した実験を行い、気
体が発生することを見出した。

　⑰　$2HgO \rightarrow 2Hg + O_2$（気体）

第3章　魔法の正体　**065**

はじめはただの空気かと思ったが、この気体の中でネズミはかなり長く生き続けた。次にプリーストリーは自らその気体を吸ってみた。「呼吸や燃焼にとっては、通常の空気より5〜6倍良く、大気中に含まれるどんな気体よりも良いと信じている」と記している。フロギストン説が出てから一世紀も経っていたが、プリーストリー本人はまだこの説の影響を受けており、「フロギストン抜きの空気」を集めたと思っていた。しかしこれこそが、酸素＝○2の発見だった。その年の末にパリへ旅行したプリーストリーは、この発見をラヴォアジエの前で実験してみせ、なおかつ翌1775年には論文として発表した。

ジョゼフ・プリーストリー
（1733〜1804年）肖像画

プリーストリーは酸素以外にも、アンモニア、塩化水素、一酸化窒素、二酸化窒素、二酸化硫黄などの気体を取り出すことにも成功している。

プリーストリーは1791年、フランス革命を支持したことから、宗派を異にするイギリス国教会に扇動された暴徒によって、家、蔵書、実験道具を破壊された。若い頃親交を結んだベンジャミン・フランクリンを頼って1794年にアメリカに移住し、ペンシルバニア州に居を構えた。トーマス・ジェファーソン大統領の知己を得、アメリカにおける大学制度の構築や教会制度の改革に寄与し、同地で没した。

シェーレの実験

プリーストリーの酸素発見の2年前、カール・ヴィルヘルム・シェーレは全く独自に酸素を発見していた。今日でも学校で使われる二酸化マンガンに硫酸を加えて加熱する方法で酸素を純粋に作り、ロウソクの火にこの気体を吹き付けると明るく輝くことから、これに「火の空気」という名を付けた。シェーレは、ラヴォアジエに宛てた1774年9月30日付けの手紙でこの発見に触れ、あなたの装置でも試してほしいと記していたが、ラヴォアジエは手紙を受け取ったことは認めていなかった。

また、シェーレは酸素の発見をほかの発見と一緒に

カール・ヴィルヘルム・シェーレ
（1742〜1786年）肖像画

「空気と火の研究」という著書にまとめたが、この発行が不幸にして1777年と大幅に遅れた。ヨーロッパの中心に対して地の利を得ていなかったこともあり、酸素の発見者としての評価はプリーストリーよりも低くなってしまった。ところが、218年後の1992年になって、1774年10月15日にラヴォアジエが受け取ったはずであるというシェーレの手紙がパリで発見され、酸素発見の優先権主張の遅れを取り戻した。この手紙はラヴォアジエの子孫の手元を離れ、1993年にフランス科学アカデミーの保存資料として保管されている。

この時代の空気の種類のまとめ

燃える空気　＝　水素
固まる空気　＝　二酸化炭素
空気 + フロギストン　＝　フロギストンと結び付いた空気（毒のある空気）　＝　窒素
空気 - フロギストン　＝　フロギストン抜きの空気　＝　酸素（火の空気）

COLUMN 酸素の作り方

　気体の酸素を作るためには、今日ではさまざまな方法がある。

1）プリーストリーが酸化水銀HgOを用いて行った実験を、酸化銀AgOで行う。水銀は有毒であるための配慮であろう。

2）シェーレが二酸化マンガンMnO_2に硫酸を作用させた方法、または硫酸の替わりに過酸化水素水を使う方法。

3）過炭酸ナトリウム水溶液を60℃に加熱する。過炭酸ナトリウムと呼ばれるが炭酸の過酸化物ではなく、炭酸ナトリウムの過酸化水素付加物$2Na_2CO_3 \cdot 3H_2O_2$である。家庭用酸素系漂白剤としても使われる。水溶液を温めると、下記反応により酸素がでてくる。

⑱　　$2H_2O_2 \rightarrow 2H_2O + O_2$

4）もっと簡単にガスボンベから直接使うこともある（この酸素を空気の中からどのように分けとったかは、86ページ参照）。

第3章　魔法の正体　**067**

5 「化学の父」ラヴォアジエの6つの業績

　酸素の発見では、プリーストリーとシェーレが先行したものの、この2人は古いフロギストン仮説の枠組みの中での理解に留まっていた。アントワーヌ・ラヴォアジエは、定量的な実験と考察をすすめ、化学を物理学と同じような、精密な科学の域にまで高め、長く信じられてきたフロギストン説を終焉に導くことに成功した。

　ラヴォアジエは、「化学の父」と呼ばれている。その業績には次の6つがある。

**右 アントワーヌ・ラヴォアジエ
（1743〜1794年）**
宮廷画家ダヴィッドに描かせたラヴォアジエ夫妻の肖像画。妻マリ＝アンヌは夫のために語学と絵画を学び、詳細な実験記録を取っていた。

燃焼の化学的プロセスの解明

　プリーストリーが示した実験をもう一度やってみることによって、燃焼の化学的プロセスを解明した。空気（1.4リットル）の入った密閉した器の中で、水銀（115グラム）を12日間熱したのもその一つである。すると、水銀の表面から次第に赤い粉ができてきた（化学式⑲）。火を消して元の温度と圧力にしたところ、空気の容積が減っていること（元の1/6だけ）が分かった。

　残った空気の中ではロウソクは燃えず、ネズミは生き延びることができなかった。水銀の表面にできた赤い固体を注意深く集めて質量を測った（2.7グラム）。

　この赤い物質を空気に触れないようにして400℃に加熱したところ、気体が出てきた。容積を測ったところ、ちょうどはじめに使った空気が、減った量（1/6）と等しいことが分かった（質量保存の法則）。

　この気体はプリーストリーが「フロギストン抜きの空気」と呼んだものと同一であった。気体のほかには水銀が残った（2.5グラム）。プリーストリーの実験との違いは、酸

化水銀HgOをきちんと作ったことだけでなく、化学式⑰とそれに続く化学式⑲に含まれる物質の質量を上記カッコ内で示したように、きちんと量ったことである。

⑲　2Hg（液体金属）+ O₂（気体）　→　2HgO（赤色固体）

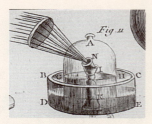

ラヴォアジエの実験装置。原図はマリ＝アンヌの手による（銅版画）。酸化水銀に太陽光を照射してHgOを分解、プリーストリーのいう「フロギストン抜きの空気」を作り出した。（化学式⑰）、65ページ参照）。

水銀灰の実験に用いた装置。先が曲がったレトルトのAは水銀でEは空気、Nは炉。加熱すると空気の一部が水銀に吸収され水銀灰ができる（化学式⑲）。

　ラヴォアジエは1777年に、「金属スズと空気を閉じ込めた容器の中で燃やしても重量の増減はなく、ふたをあけると空気が流れ込み、減圧になっていることを明らかにした。スズ（一部が燃えた固体部分）は重量を増しており、この増加は燃焼後にふたを開けた際に入ってきた空気の質量に等しい」とまとめ、論文を発表した。
　従来のフロギストン説は、燃焼では何物かが放出されるとしていた。つまり燃えた後のものの質量は減るはずであるが、実際には、酸化によって空気の成分が加えられるため、重くなっていた。ラヴォアジエの発表により、フロギストン説は淘汰されざるを得なくなった。しかしながらプリーストリーとの間での論争は、その後も続いたのであった。また"la respiration est donc une combustion"呼吸は一種の燃焼であると言っている。

第3章　魔法の正体　　**069**

可燃性空気を水素と命名

キャヴェンディッシュが発見した可燃性空気を酸素と反応させると水ができることを確認し、この気体を「水素」と命名した。その反応の容積の割合は、水素200に対して酸素100であることも示した。

酸素の命名

上記の燃焼の実験をリンや硫黄で行った際に質量の増えた燃焼生成物を水に溶かすと酸になる。このような多くの例から、空気の中で燃焼に寄与する物質を「酸素」と命名した(これは必ずしも正しくなく、物質の酸性や塩基性の元は水素イオンであることは今日ではよく知られている)。酸素の生成・消費を定量的に記述し、フロギストン説を終焉させたことと併せて、酸素の発見者の一人として無視できない地位を確立した。

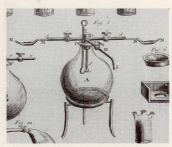

キャヴェンディッシュの発見を試したラヴォアジエの装置。可燃性空気(H_2)と酸素(O_2)を左右より流し入れ、瓶の中でスパークさせて火を付けると水ができることを確認した。

窒素の命名

ラザフォードが発見し「毒のある空気」と呼んだ空気の中の燃焼に寄与しない物質を、窒素と名付けた。

化学実験に定量性を導入

0.0005グラムまできちんと量れる化学天秤を考案製作し、化学実験に定量性を導入した。これによって、1774年、物質は化学反応によってさまざまに形を変えるが、変化の前後で全質量は変化しないとする「質量保存の法則」を発見した。例えば、加熱して水を水蒸気に変えても、塩を水に溶かしても、また木を燃やして灰にしても、その前後で全体の質量は不変である。

近代化学の元素の定義

1789年に「化学原論」を著し、この中でボイルの元素の定義を再確認し、「元素とは化学分析の手法ではそれ以上分割できない到達点となる純物質であり、これには33の元素がある」ことを示した。ただしその中には、光と熱が含まれていた。

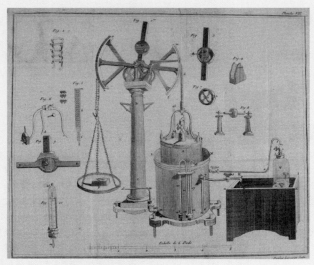

ラヴォアジエが使用した天秤のスケッチ

6 フランス革命と化学の革命

発見によって科学が新たな一歩を踏み出した時代は、ヨーロッパ社会が変化していく時代でもあった。フランスでは国王ルイ16世を戴く絶対君主制と、貴族、地主、聖職者など特権階級の支配する社会体制に対する国民の反発は、もはや押さえきれなくなっていた。1789年7月14日、政治犯を収容していたバスティーユ牢獄の襲撃を契機として、フランス全土に騒乱が発生し、「自由」「平等」「友愛」の近代市民主義の諸原理を掲げたフランス革命の嵐が吹き荒れた。

1793年1月には、多くの市民が見守る中、ルイ16世はパリの革命広場（現在のコン

第3章 魔法の正体 071

コルド広場）でギロチンによって処刑された。10月には王妃マリー・アントワネットも後ろ手に縛られ、し尿運搬車で市中を引き回された末に処刑された。

　翌1794年5月8日、革命裁判所の審判で死刑の判決を受け、その日のうちにギロチンで処刑された28人の中には、偉大な化学者ラヴォアジエがいた。ルイ16世の徴税吏であったこと、徴税請負人の娘を妻としていたことなどが処刑の理由で、判事は「フランス共和国には科学者も化学者も必要ない。革命の正義が第一だ！」と言い放ったとされる。天文学者ラグランジュはこう返して惜しんだ。
「ラヴォアジエの首を切るのはほんの一瞬だが、このような頭脳を産み出すのには、100年あっても足りない」。

COLUMN　戯曲『酸素』

　1982年に福井謙一と同時にノーベル化学賞を受賞した米国の理論化学者ロアルド・ホフマンは、有名な有機化学者カール・ジェラッシと共著で2001年に『酸素』と題する戯曲を発表している。スウェーデンの王立科学アカデミーが、ノーベル賞設立100周年となる2001年に、「過去に遡って重要な科学の発見・開発にレトロ・ノーベル賞を出すことにして、まず近代化学の誕生の契機となった酸素の発見が取り上げられた」というストーリーの設定である。本章に出てくるラヴォアジエ、プリーストリー、シェーレ3人の発見者と3人の夫人が、1777年グスタフⅢ世の宮殿に招かれ、国王隣席の下に「誰が酸素を発見したか」の論争に決着をつけようというのである。それぞれにさまざまな主張があり、3人の間のさまざまな葛藤、英語に堪能であったラヴォアジエ夫人が絡んで、2001年との間を行き来し、サスペンスに満ちているだけでなく、科学者を「なぜ」の探求に駆り立てるもの、道義などが巧みに盛り込まれている。

7 相次ぐ発見と法則

　ラヴォアジエの質量保存の法則により、水は、水素と酸素が結び付いたもの、空気は酸素、窒素、それにわずかばかりの二酸化炭素の混合物であることが明らかとなった。アリストテレスの四元素説は完全に打ち消され、代わりに、水素、炭素、窒素、酸素、硫黄、リンをはじめとする30種類ほどの元素が見つかった。加えて、実験に基づいた次のような法則や説の発見も続いた。

プルーストによる定比例の法則

　フランスの化学者ジョゼフ・プルーストは、1794年、身近にあるいくつかの鉱物について含有元素の分析を定量的に行った。最初に行ったのは炭酸銅で、これにはマラカイト$CuCO_3 \cdot Cu(OH)_2$、アズライト$2CuCO_3 \cdot Cu(OH)_2$、(どちらも天然の色素で、前者は銅葺きの屋根が緑色の趣きをもってくる原因物質)、実験室で水溶液から沈殿させて作った炭酸銅を熱分解すると、黒いCuOと二酸化炭素CO_2と水が得られる。構成元素Cu、C、Oの比率は、どの試料でも5:1:4の一定比であることを発表した。

ゲイ＝リュサックによる気体反応の法則

　1805年、ジョゼフ・ルイ・ゲイ＝リュサックは、多種多様な気体反応について調べた。その容量について正確な分析を行い、次のような規則性を発見した。互いに反応する2種の気体の容積比は、1:1、1:2、1:3のような簡単な定数比例の関係にあり、さらに生成物も気体の場合には、生成する容量も同様に定数比例の関係にあるという法則である。

　例えば、水素と酸素から水ができる際、水素と酸素の容積比は2:1であり、100℃以上に温めて実験を行うと、生成する水蒸気の容量は2となる。

　ゲイ＝リュサックは実行力のある化学者で、このほかにも大きな発見、実験を行っている。その一つが、酸素がなくとも酸になる物質の例をいくつも発見したことである。また忘れてならないのが、気球を使った科学研究の草分けであること。1804年、水素気球に乗って、一度目は電磁気学のビオ（J. B. Biot、Savartとの共同研究で生まれたBiot-Savartの法則がある）と一緒に4000メートルほど上昇し、地磁気を測定し、二度目はわずか3週間後、単独で7010メートル登り、気圧を測り、空気のサンプルを持ち帰った。空気は薄くなっているだけで、水素は見出されず、組成は地上の空気と変わ

第3章　魔法の正体　073

らなかった。気温は-9.5℃であり、もちろん酸素吸入のない時代であるが、8000メートル級のヒマラヤの山々の8〜9合目まで上昇したことに相当する。

ドルトンの原子説

「壊すこともそれ以上分割もできない物質最小の粒子」として、原子の存在を最初に考えたのは、紀元前420年頃のデモクリトスだった（13ページ参照）。それから2200年後、イギリスのジョン・ドルトンは、全ての物質を原子の存在によって説明しようと試みた。実験から積み上げられた質量保存の法則、定比例の法則を合理的に説明するために、1808年、次のように理論化した。

ジョン・ドルトン
（1766〜1844年）版画

1）全ての元素は原子と呼ばれる
　　最小で分割不能な微粒子から成る。
2）同じ元素の原子は同じ大きさと質量を持つ。
3）異なる元素の原子は、異なる大きさと質量を持つ。
4）Aという元素の原子とBという元素の原子とが結合して、化合物ができる。
　　ある化合物の中の原子の割合（数）は一定の整数比の関係にある。
　　すなわち化合物はAB、AB_2、A_2Bなどである。
5）原子を作り出したり、それより小さな粒子にすることはできない。
　　また化学反応で分解することもできない。化学反応にできることは、
　　原子がくっつく様相（相手と数）を変えるだけである。

水素原子と酸素原子が反応して水という化合物ができる例を見てみよう。ドルトンの分析によると、水は酸素87%、水素12.5%からできている。水素と酸素の反応生成物には、（過酸化水素もあるが）当時水しか知られていなかったので、最も単純に水は両者が1：1の割合で反応したOHであると考えた。そうすると、水素の原子量を1とすると酸素のそれは7となり、水の分子量は8であるとなる。またアンモニアはNHで窒素の原子量は5とされた。原子量の値は間違っていたとしても、このような定量化はギリシャ時代には到底考えが及ばなかった。何よりも原子や分子を球のモデルであらわ

し、考えやすくしたことが大きい（77ページ下図参照）。

　このように考えたため、ドルトンはゲイ＝リュサックによる気体反応の法則は信頼できないとして認めなかった。また2個の原子が結び付くには、多少なりとも静電気的な相互作用が働く必要があるので、同種の原子が結合してA_2とかB_2といった2原子分子を与えることはないと考えてしまった。まだ空気中の酸素は単原子Oであると考えられたのである。

アボガドロの分子説

　1811年、アメデオ・アボガドロは、ゲイ＝リュサックによる気体反応の法則は間違っておらず、これを説明するにはどうしたらよいかと考えを巡らせた。そうして温度と圧力が一定ならば、一定容積に含まれる気体の分子数は、元素の種類によらず等しいという仮説に辿り着いた。水素と酸素が反応して水蒸気を与える反応は下図のようになる。ここで空気中の酸素は、酸素原子2個が手をつないだ2原子分子O_2であることが初めて示されたのであった（77ページ図6参照）。

スタニスラオ・カニッツァーの原子量決定法と新しい原子量体系

　気体の密度（単位容積の気体の質量）を測定することによって、1858年にアボガドロの分子説が妥当であることを証明し、原子量が未知の元素の原子量を求めるのには、その元素を含む多くの化合物の分子量を調べ、その元素の量の最大公約数をその元素の原子量とすることを提唱した。アボガドロの業績の再評価につながるとともに、周期表の基となるデータを提供するという功績をあげた。

　その結果、気体である元素の水素、窒素、酸素などは2原子分子であることが承認され、原子の質量をあらわす質量数は、水素を1とすると炭素が12、酸素が16であるとされた。

　アボガドロが言った通りに、温度を0℃、圧力を1気圧（1013hPa）、一定容積を22.4リットルとしたとき、気体（正確には理想気体）の分子数は$6.02214179(30) \times 10^{23}$個となり、これは元素の種類によらず、1モルの物質量に相当することが分かった。後にアボガドロを讃えて、アボガドロ定数と呼ばれるようになった。

第3章　魔法の正体　075

8 元素の周期表

ラヴォアジエが新しい概念を提唱した際には33個であった元素には、その後元素であることが否定されたものもあったが、新しく発見されたものを加えると1860年には60種ほどにも増えていた。この年ドイツのカルルスルーエで、ヨーロッパ各地から140人の化学者が集まり、初の国際会議が開催された。当時の進展著しい化学の原子・分子・原子量といった基礎概念に関する混乱を収拾することを目的としていた。この会議でスタニスラオ・カニッツァーロの原子量決定法と新しい原子量体系（本文）が紹介された。

アメデオ・アボガドロ
（1776～1856年）版画

メンデレーエフによる周期表

ペテルブルク大学の講師であった弱冠26歳のドミトリ・イヴァノヴィッチ・メンデレーエフは、当時ハイデルベルク大学に留学中で、この国際会議に出席し、原子量概念への確信を強めている。早速会議とカニッツァーロの論文の要点をロシアの師に送っている。帰国後、教育研究に従事する傍ら、元素の分類表を作成する作業を進め、元素をまず原子量の順番に並べ、化学的類似性（原子価（原子が反応する際の手の数）および物理的性質）をもった元素が8元素ごとに繰り返し現れることに気付いた。それまでに知られている元素だけを使うと、アルミニウムの下にはゲルマニウムがくるが、性質が全く違うので、そのようにせず空欄のままの残しておいた。1869年にはこうして作った最初の元素の周期表を発表した。1875年にはアルミニウムの下にくるにふさわしいガリウムがフランスで発見された。それまで知られていた元素族の枠組みを越える預言性が信頼を高めた。

図6 アボガドロの分子説

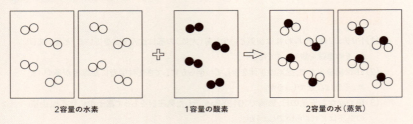

2容量の水素　　　1容量の酸素　　　2容量の水(蒸気)

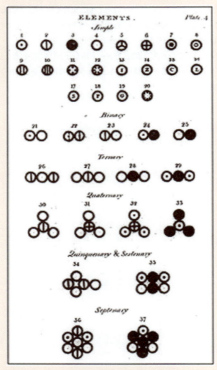

ドルトンが1808年に出版した著書"A New System of Chemical Philosophy"に示した原子分子のモデル図。1.水素、2.炭素、3.窒素、4.酸素、21.水、22.アンモニア。

QUESTION 設問

（1）トリチェリは「われわれは空気という大海（大気）の底に沈んで生きている」と言いました。その意味を説明してください。

（2）18世紀後半まで、空気の正体を少しずつ明らかにしてきた科学者に聖職者が多くいます。それはなぜでしょうか。

（3）穏やかなお天気の日、静岡で1013hPaを示した気圧計をもって富士山に登ると、山頂の気圧はどれぐらいでしょうか。

（4）ロバート・ボイルは1660年に次のような実験を行いました。釣り鐘型をしたガラス容器の中にバネで鳴り続けているベルを吊るし、この容器内の空気をポンプで抜いていくと、外に聞こえてくる音は次第に小さくなって聞こえなくなった。この有名な実験を、ガラス容器の中でも時計を実験台の上に直接置いて行うと、真空にしてもなかなか音が消えません。それはなぜでしょうか。

（5）大気圧1013hPa、15℃のとき、230立方メートル（m³）の教室を満たしている空気の重量は何キログラム（kg）あるか計算してみましょう。この結果を平均60kgの生徒40人とどちらが重いか比べましょう。

078　第3章　魔法の正体

第４章

エンジニアリング

水蒸気の威力

4-1 産業革命と蒸気機関
空気を縮めたり膨らませる技術と分子の関係

1 蒸気機関の仕組み

ニューコメンの蒸気機関

　水蒸気の膨張力はローマ時代から知られてはいたが、実用されることはなかった。17世紀末になると、何人かが蒸気の力に再び着目した。1698年、炭鉱の湧水のくみ上げに利用したのが、イギリスのトーマス・セイヴァリである。セイヴァリの協力者トーマス・ニューコメンは、この装置を改良した蒸気機関を造った。1712年に蒸気機関を用いた排水ポンプを実用化し、1725年頃には一般に広く使用されたが、熱効率は1%以下と低く、多くの燃料を必要とした。

ワットの改良

　ニューコメンの蒸気機関を徹底的に改良したのがジェームズ・ワットである。ワットは、機械修理の技師としてニューコメンの蒸気機関の模型を修理する機会を得た際に、蒸気機関の原理と欠点を知った。その作動原理は次のようなものであった。まず、直径53センチ、長さ2.5メートルのシリンダーの中にあるピストンを、下にある釜からの水蒸気で押し上げる。上昇しきった所で釜の弁は閉まり、冷水がピストンの上から注ぐ。水蒸気は冷され、水となって凝集する際にピストン下部が負圧となり、ピストンを押し下げる。最大の欠点は、シリンダーに入った蒸気を冷やすときに、シリンダーごと一緒に冷やすため、再び蒸気を入れる際にシリンダーを熱するのに非常に多くの熱と時間が必要で、運転が円滑でない（12サイクル／分）ことであった。

ジェームズ・ワット
（1736〜1819年）肖像画

　そこでワットは、シリンダーとは別に冷却器を取りつけ、ピストンを動かし終わった蒸気はそちらに導くようにした。これで上記の欠点が除かれたわけである。さらに

彼は1769年に、ピストンの両側に交互に蒸気を吹き込む複動機関も考案した。これにより、高圧蒸気機関への道を開いた。ワット自身は、安全に重きを置いて大気圧（1013hPa）以上の水蒸気を使うことはしなかった。また、往復運動を回転運動に変える機構を考案した。こうして熱効率3〜4%と効率のよくなったワットの蒸気機関は、あっという間にニューコメンの機関を置き換えた。

2　産業革命を化学的に理解する

熱エネルギーの化学式

　蒸気機関の発明改良ともいうべき技術イノベーションが、産業革命をもたらした。次に示す化学式6.1および6.2で表される、エネルギーを有効に使うことのできる化学的理解が技術の基礎となっており、空気分子の主役は水蒸気である。

⑳　C（石炭）＋ O_2 ＝ CO_2 ＋ 熱エネルギー
㉑　H_2O（水）＋ 熱エネルギー
　　　→ H_2O（水蒸気）　→ H_2O（水）＋ 機械エネルギー

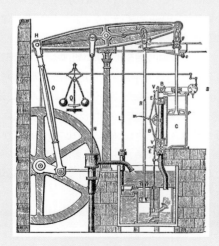

ワットが工場経営者のマシュー・ボールトンと1784年に設計した蒸気機関の図面。1769年に特許を取った蒸気機関に汎用的な動力源とする改良を加え、実用化した。

水は人の生活環境で、固体（氷）・液体（水）・気体（水蒸気）と3つの様相を呈することのできる珍しい物質である。この変化を状態変化という。大気中では水蒸気でその量は湿度で表される。100%を越えるとエアロゾルから霧・雲となり、大気が支えきれなくなると雨として地上に降ってきて、湖沼、河、地下水、海という地球上の水圏を構成する。さまざまな物質を溶かすことができ、生命の維持に不可欠である。また間接的には、農耕にもなくてはならない。平均滞留時間は9日と見積もられているので、カエサルの今際の呼気からでた水分子がそのまま私たちの吸気に含まれることはまずない。その旅は、それ自身で内容に富む千変万化な物語を形成する。

産業革命とスモッグ

　イギリスで蒸気機関が発達し、水蒸気を発生させるために大量の石炭が使われ、また都市化が進み、家庭でも冬季の暖房にストーブで石炭が燃やされるようになった。18世紀の終わり頃には、はじめは産業の中心のマンチェスターで、次いで大都市ロンドンで、空気が目に見える形で汚れてきた。質の良くない石炭に含まれる硫黄成分が燃えてSO_2のエアロゾルが排煙（smoke）中にでき、これが冬季の空を覆った（注13）。風が弱く夜間に地面が冷えると近くの大気も冷やされる。空気中の水蒸気は過飽和状態となり、エアロゾルもこれに取り込まれ、水蒸気が豊富で有毒な霧（fog）となって重なり、この大気汚染の元凶はスモッグ（smog=smoke+fog）と呼ばれるようになった。19世紀のロンドンの様子は、チャールズ・ディケンズの小説『荒涼館』に的確に描写されている。大気汚染は20世紀後半まで続く。

　高気圧がイギリス上空を覆った1952年の12月5日の寒い朝、ロンドンで記録的なスモッグが起き、SO_2の濃度は0.7ppm（parts per millionの略、百万分の1、1％=10000ppm）に達した。通常ならば上に行くほど気温が下がるはずなのに、逆に上層部が温かい逆転層ができ、地表近くの冷たいスモッグがトラップされた。朝になると日が射してきて地表が暖まり、霧が晴れスモッグは上層に拡散していくはずが、日照が遮られ同月10日まで地表に留まった。このため、呼吸器障害が直接間接の原因となって、1万人に及ぶ住民が死亡した。これが契機となってイギリスでは1956年に大気浄化法などの法制化が行われた。

（注13）　石炭、石油などの化石燃料には、原料の動植物由来にあるいは生成過程で周囲から取り込まれた硫黄分が含まれており、燃焼によって二酸化硫黄（亜硫酸ガス）が発生する。1章で火山の噴気ガス由来の二酸化硫黄について述べたが、人の生活環境ではこちらの発生源の方が問題となる。また黒い煤状の微粒子、炭素性エアロゾルが加わる。

大惨事となった1952年のロンドンスモッグ。ネルソン記念柱がかすんで見える。

3 断熱圧縮・断熱膨張の化学

空気を圧縮する

　人間は、空気を押し縮めたり、膨らませたりして生じる力を利用しようとした。圧縮するには、18世紀の中頃まで「ふいご」に頼るしか術はなかった。1762年、後に土木工学の父と呼ばれるイギリスのジョン・スミートンは、ふいごに代わる水車駆動の吹管を作り、1776年にはジョン・ウィルキンソンが機械作動するコンプレッサー（圧縮機械）の試作品（プロトタイプ）を作った。

　溶鉱炉が進化していくと、ふいごよりも効率的な圧縮空気を作る必要が生じた。さらに地下鉱山では、能率よい換気が求められた。18世紀末には、産業革命の主役であった水蒸気の圧力では、すでに物足りないと感じられるようになっていた。ここで主役の座に躍り出てきたのが圧縮空気（圧搾空気ともいう）である。加圧することにより体積を縮小させた空気のことで、圧縮された空気と大気圧との差で生じる力を利用する仕組みである。フランスとイタリアの国境にそびえるアルプスのモン・スニ峠の地下に鉄道を敷くため、13.6キロメートルのトンネルを掘った際、湿式の空気圧縮機が使われた。これが契機となって、遠距離エネルギーの移動運搬にも圧縮空気を使おうとする機運が進んだ。

シリンダー式の圧縮機を2段つないだ複合（コンパウンド）圧縮機が開発され、次いでシリンダーに冷却水ジャケットをつける工夫も施された。ちなみに自転車の空気タイヤが考案されたのは1888年で、同時に手動の空気入れポンプが使われるようになった。

分子が曝される過酷な条件

気体が突然圧縮されること、また突然膨張させられることを、それぞれ断熱圧縮、断熱膨張という。外界から熱の出入りが起きる間もない急激な変化なので、断熱圧縮の際には気体の温度は上がり、反対に断熱膨張では気体の温度は下がる。空気分子には、このとき何が起こっているのだろうか。圧縮するときの機械的仕事が、分子の内部エネルギーの上昇につながり、温度が上がる。膨張する際は外に対して分子が仕事をするため、内部エネルギーが減少し、温度が下がる。そのためボイル＝シャルルの法則は成り立たない。

断熱圧縮の例で最も重要なのは、この原理を応用しているディーゼルエンジンである。エンジンの燃焼室に空気を入れ、まず空気だけを速やかに容量で1/15〜1/22に圧縮する。空気圧は40気圧（約4MPa〔メガパスカル、＝1万hPa〕）程度になる。この断熱圧縮の結果、空気の温度は550℃にも達する。ほとんどの分子にとって未だかって経験したことがないような、過酷な条件に曝されるのである。ここに燃料を小さな液滴として導入すると、燃料は蒸発し燃え始める。燃焼ガスの突然の膨張により、エンジンのピストンを動かす。

ディーゼルエンジンの原理

ルドルフ・ディーゼルは1893年8月10日に初めてこのエンジンを使った自動車を走らせ、1900年のパリ万国博覧会でエンジンのデモを行った。燃料は100％のピーナッツ油であった。この発明は、21世紀になって関心が持たれている「バイオディーゼル」を1世紀先んじていたといえるだろう。8月10日は国際バイオディーゼル・デーとなっている。これを遡る1876年に開発されたガソリンエンジンの場合には、ガソリンと空気の混合物を8〜14 気圧（約0.80〜1.4 MPa）にしか圧縮しないので、燃料は自然発火をせず電気発火させる必要がある。繰り返すが、ディーゼルエンジンには、点火プラグは付いておらず、空気を圧縮した時の高熱で燃料を自然発火させるのである。圧力が高い分エンジンは頑丈で重くなる。

身の回りの断熱膨張

　断熱膨張の例は、身の回りにもあふれている。まずスプレー缶がある。傷口を消毒するためのものや、熱くなった筋肉を冷やすもの、芳香剤、消臭剤、洗剤、殺虫剤、空気の噴射でほこりを吹き飛ばして精密部品を洗浄するためのものなど、さまざまな目的でスプレー缶が使われている。これらをしばらく使っていると缶が冷えるのに気付くだろう。カセットコンロにガス缶をセットして皆で鍋をつついている時、缶に手を触れると冷たくなっているのが分かるはずだ。これは「断熱膨張」の良い例である。

　実験室から外に出てみよう。空気塊が山脈にぶつかって上昇するとき、空気は熱の享受なしにすばやく膨張する。なぜなら上昇にしたがい気圧は下がるが、このとき大地に接したわずかな部分を除けば、大気には熱が供給されないからである。100メートルにつき約1.0℃ずつ大気の温度が下がり、水蒸気が凝縮して雲となり、大気がこれを支えきれなくなると雨となって降ってくる。反対に山脈を越えた大気が山に沿って下降するとき、大気は圧縮され100メートルにつき約1.0℃ずつ大気の温度が上がり、乾燥した熱風となる。これはフェーン風、全体はフェーン現象と呼ばれる。ヘルマン・ヘッセは出世作『郷愁──ペーター・カーメンチント』の序章で、春先に地中海から吹いてきてアルプス越えしたフェーン風が、山々の北斜面で猛威を振るう様を詩情豊かに綴っている。終章では強風と雪解け水の被害に言及している。わが国では、太平洋の湿気を含んだ風が奥羽山脈の2000メートル級の山々を越えて日本海側に吹き下ろす際、例えば1933年7月25日、山形市で当時の最高気温40.8℃を記録した。

4 空気を見えるようにする

液化・分溜

　一般に気体分子の温度が下がると、分子の動きは緩慢となり、より狭いスペースに収まるようになり、ついには液化する。ポーランドのヴァン・ロブレフスキーとカール・オルスチェフスキーは、1883年、酸素の液化に成功し、この液体酸素を寒剤として冷やすことにより、窒素の液化に成功した。前述の断熱圧縮で熱くなった空気を冷却し、断熱膨張でさらに冷えるということを繰り返すことにより、空気の温度が-190℃ぐらいにまで下がり、ついには液化したのである。

カール・フォン・リンデ
（1842〜1934年）

　ドイツのカール・フォン・リンデは、1876年にアンモニア冷凍機を発明して特許を取得し、1895年にはイギリスのウィリアム・ハンプソンとともに工業的な空気液化機の開発に成功した。一度液化した空気の温度を徐々に上げて行き注意深く蒸留することにより、まず窒素、次にアルゴン、最後に酸素が気化してきて、それぞれを純粋に得ることに成功した。これら気体の沸点を表3にまとめた。この種の実験は空気から二酸化炭素と水蒸気をあらかじめ取り除いて行われるが、これらのデータも表の末尾に示してある。液体酸素を取り出してみると、薄青く色が付いており、また磁石に引き寄せられる常磁性体である。

表3　空気分子の沸点（沸点の高いもの順に並べてある）

空気の成分	体積組成／%	沸点／℃
ラドン	-	-61.8
キセノン	0.0000087	-108.1
クリプトン	0.000114	-153.35
酸素	20.95	-182.96
アルゴン	0.934	-185.86
窒素	78.08	-195.8
ネオン	0.0018	-246.05
ヘリウム	0.00052	-268.93
二酸化炭素	0.040	-78.5（昇華点）
水蒸気	0〜4	100

COLUMN　空の色はなぜ青い

　地球大気は空気分子で満ち溢れている。どうして空は青く見えるのだろう。太陽光、白熱電球の光がプリズムや水蒸気に当たると、上（外側）から赤、橙、黄、緑、青、藍、紫の7色からなる虹が見える。目に見えない無色の光は、波長が700ナノメートル（赤）から400ナノメートル（紫）に及ぶ目に見える可視光線の成分が重ね合わさってできあがっているナノメートル（nm、1メートルの10億分の1）。イギリスのレイリー卿（姓名ジョン・ウィリアム・ストラット）は1871年から10年以上にわたって研究し、空気分子のように光の波長の1／10以下の大きさの粒子に光が当たると、波長の短い光が長い光よりも散乱を起こしやすいこと、弾性散乱では散乱光は振動数の4乗に比例すること、したがって紫色の光は赤よりも9.4倍よく散乱されることなどを理論的に導いた。昼間われわれは太陽を直に見てはいないので、散乱光がよく目に入る。実際には、太陽光の紫成分は強度が弱く、人の目の感度も青の方が高いので、475ナノメートルの青空となる。朝焼け、夕焼けの空は、あまり散乱されない直進光を見ているので、赤く見える。液体酸素が青いので空が青く見えるのではない。レイリー卿には、1892年アルゴンの発見につながる重要な研究が待っていた（90ページ参照）。

第4章　水蒸気の威力　　087

酸素ボンベ

　こうやって得られた酸素ガスは、スチール製の圧力容器（13.8MPa）に入れて保存・運搬され、さまざまな用途に用いられるようになった。

　1901年、アセチレンガスを細いノズルから放出し、圧縮酸素を使って燃焼させると3500℃に達する高温の炎が得られることが発見された。これは鋼鉄をはじめとする金属のガス溶接および熱切断の施工に欠かせない技術となった。1912年、豪華客船タイタニック号が氷山に触れ沈没した。鋼鉄の溶接はこの時代に始まっていたもののまだ普及しておらず、タイタニック号の鉄板はすべてリベット（鋲）でつなぎ合わされていたため、船体が重かった。

鋼鉄を接合するリベット。日本では第二次世界大戦以降、船体や橋脚などで溶接が主に用いられるようになり、リベットの技術は失われた。

　多くの医師によって、19世紀のうちに呼吸器をはじめとするさまざまな疾患に対して酸素が治癒効用を持つことが明らかにされた。しかしこれが広く用いられるようになったのは、医療機関に酸素ボンベが供給されるようになってからである。今日では、アルミ合金製の耐圧容器に入れて持ち運び易くなっている。

　急性および慢性の呼吸器疾患で動脈血酸素分圧が60Torr（=80hPa=0.078気圧）に下がると、呼吸不全となるので酸素吸入が用いられる。100%酸素は生体の各種器官・組織・細胞にとって酸化剤となり有毒なので、供給する酸素濃度は60%が目安とされる。1953年の英国隊によるエベレスト登頂には、酸素ボンベが携帯されている。そのほかさまざまなスポーツのシーンで酸素ボンベが登場している。選手が筋肉疲労の回復を促進する目的で、酸素を吸うことが一つの風潮となっている。英国では、挫傷などのけがを負った選手の治療を促進するのに、高圧酸素療法が実績を挙げている。逆に1990年に入ると、高地トレーニングをして心肺機能を高めた選手が平地に降りてきて競技の開催を待つ間、酸素濃度を低く保ったテントの中で就寝して、心肺機能が元に戻らないようにする作戦も取られるようになった。スキューバダイビングでは圧搾空気がよく使われ一番安全であるが、高級なボンベには酸素を加えたり、ヘリウムを加えることも行われている。

COLUMN 窒素の簡便な供給

　空気は液化して分別蒸留するだけでなく、次のような方法で分け取られている。活性炭が空気の成分を吸着することは、古代エジプト時代に報告されている。酸素の発見者の一人とされるシェーレは1773年に、この現象をより定量的に研究している。19世紀に入ると、天然鉱物ゼオライトをはじめとする多細孔物質が気体を選択的に吸着または透過させることが分かった。これは動的半径がO_2の方がN_2よりも小さいためと理解されている。今日ではこの方法により、大きな液化装置や貯留槽を用意しなくとも、ガス分離膜で純度97〜99%、加圧吸着入れ替え法で99〜99.99%の窒素ガスをその場で供給できるようになっている。

5 希ガスの発見

　周期表の一番右、長周期でいうと18族に希ガスまたは貴ガスと呼ばれる一連の不活性な気体元素があるのでこれについて紹介しよう。

アルゴン

　大気中にもアルゴンが含まれているという発見には、時を越えて受け継がれた3人の科学者の注意深い実験と細心の観察がある。地球大気中に0.93％しか含まれないので希ガスと呼ばれるが、重量では1.28％となる。空気中に二酸化炭素の30倍も存在するので、無視するわけにはいかない。

　水素を発見したキャヴェンディシュは（66～68ページ参照）、1785年に空気中の窒素を除くことを目的として次のような実験をしている。ガラス容器の中の空気に酸素を十分加えた空気を入れ、封をして長時間放電を行う。このガスを水酸化カリウムに吸わせ、残った酸素を加熱した還元銅の上を通して除いてもなお、体積で1/120ほどのガスが残るのを見逃さなかった。

　1世紀以上経った1892年、レイリー卿は、キャヴェンディシュの伝記の中に上記の記述があるのを見つけて興味を持ち、次のような実験を行った。空気から酸素、二酸化炭素、水蒸気を除いた「窒素」が1リットルで1.2572グラムあるのに、酸化窒素、一酸化二窒素、亜硝酸アンモニウム、尿素から化学的に作った窒素ガスは、1.2505グラムしかないことを発見し、空気中から純粋にしたと思える窒素には、何か重い成分が残っているのかもしれないと考えた。

　この講演を聴いたウイリアム・ラムゼーは、このわずか0.5％の密度の違いは新しい発見につながるのではないかかと考え、1894年に少し異なる実験を行った。空気中から採取した「窒素」を繰返し赤熱した金属マグネシウムの上を通し、窒化マグネシウムを形成させることにより窒素を除いていった。この間、気体の容積はぐんぐん減少し、それとともに相対密度（水素ガスの密度を1とした時の）が上昇した。はじめに22リットルの気体の密度が14あったのに、1.5リットルとなると16.1となり、ついには290立方センチメートルで19.95となった。こうなるともはや金属マグネシウムと反応しなくなった。密度は0℃、1013hPaで1.78g/ℓ、新しい元素で不活性を意味するギリシャ語にちなんで「アルゴン」と命名された。

その後5年間で、クリプトン、ネオン、キセノン、ラドン、ヘリウムといった一連の希ガスがこの順に続々と発見され、レイリー卿とラムゼーは2004年、それぞれノーベル物理学と化学賞を受賞した。

最後の主な空気成分、ヘリウム

1868年、インドで皆既日食を観察していたフランス人天文学者のピエール・ジャンサンは、太陽の彩層部分の光を分光分析した際に、波長587.49ナノメートルの黄色い輝線を見つけた。イギリス天文学者ノーマン・ロッキャーは、この元素が太陽を構成する地球では知られていない新元素だと結論づけた。1895年、ラムゼーは、10%以上の希土類元素を含む閃ウラン鉱を無機酸と反応させる実験を通じてヘリウムの分離に成功し、地球上で初めて取り出すことに成功した。地球大気中にヘリウムHeは0.00052%しかないが、テキサス州、カンザス州、アルジェリア産の天然ガスの中には1〜7%含まれる所がある。宇宙は真空に近いが、希薄なガスが漂っていて、その約70%が水素で、30%弱がヘリウムである。そのほかにも多様なガスが存在しているし、珪素・炭素・鉄などの重元素が宇宙塵として存在している。

ヘリウムの用途は多彩である。まず密度は0℃、101.325kPaで、1立方メートルあたり0.1786キログラムであり、水素のそれ0.0899kg/m³のほぼ倍である。いずれも理想気体に近いので、アボガドロの法則に従うと、密度はヘリウムの原子量4と水素の分子量2に比例するはずであり、その通りになっている。いずれも空気の平均的密度の1立方メートルあたり1.293キログラムよりよほど小さく、気球あるいは飛行船によく使われる。水素の方が2倍近く有効であると思うかもしれないが、浮揚力というのは、空気を置き換えた質量に比例するから、1立方メートルの水素とヘリウムの浮揚力を比較すると、次のようになる。

水素：0.0899kg ×（1 -（1.293 / 0.0899））= -1.203kg
ヘリウム：0.1786kg ×（1 -（1.293 / 0.1786））= -1.114kg

両者を比べると、水素の方が8.0%しか有利ではない。そうするとヘリウムは資源として高価ではあるが不燃性であるから、爆発的に燃える水素より、飛行船の浮遊ガス

としてよほど有利であることが分かる。

　沸点、融点ともに最も低い元素であり、液体ヘリウムはほかの超低温物質よりも低温となり、超伝導や低温学など、絶対零度に近い環境での研究が必要な分野で冷媒として使用されている。液体ヘリウムは20世紀後半になると、化学や分子生物学で使われる核磁気共鳴装置（NMR）、並びに人間ドックや医療で診断に用いられる核磁気共鳴画像法（MRI）の装置で超伝導電磁石の冷却に使われている。

　絶対零度近くにならないと液化しない。放射線の一つにα粒子というものがある。ウラン、トリウムなど放射性元素から出てくるもので、電離性が強く、その代わり紙一枚透過できない。電場や磁場がこの線の飛跡に及ぼす影響を調べることにより、アーネスト・ラザフォードはα線が電荷＋2、質量4をもつことを発見し、He_2^+であることを明らかにした（1906年）。実際にα線が飛んだ後からヘリウムが検出されている。

原子物理学の父と呼ばれるアーネスト・ラザフォード（1871～1971年）

4-2 電池と電気
ボルタやファラデーによる発見

1　電気を作る

　電気そのものは紀元前のエジプト時代から自然界にあることが知られていた。1745年には、オランダ・ライデン大学のミュセンブルークらによって、静電気を一時的に蓄えておくことができるライデン瓶が発明された。またアメリカでは、1752年にベンジャミン・フランクリンが有名な雷の実験を行っている。これを人が作り出し、正体を理解し、産業に発展させたのは19世紀に入ってからである。

ボルタ電池の発明

　18世紀末にアレッサンドロ・ボルタによってボルタ電池が発明された。これは希硫酸溶液の中に浸した亜鉛板と銅板を電極としたものである。まだ電流計も白熱電球も発明されていなかったので、ボルタは溶液に指を突っ込んで感電するのを感じたり、弱い電気は針金をなめてみたりして検出していた。その溶液を含む入れ物全体のことを電気の池、ボルタの電池と呼んだ。1800年にはボルタの電堆を発明した。これはコイン状の銀と亜鉛を対として重ね、隣の対との間に塩水を浸した紙を挟んで、幾重にも重ねたもので、最初の銀と最後の亜鉛の極の間で大きな電位を得る電池のプロトタイプである。

アレッサンドロ・ボルタ
（1745〜1827年）

イタリアの医師で物理学者のルイージ・ガルヴァーニはカエルの脚に電気が通じると筋肉が活動することを発見。生体電気研究の端緒とされる。ボルタはガルヴァーニの実験を発展させてボルタ電池を発明した。

また、金属電極の起電力を大きくする電気化学的序列として亜鉛＞鉛＞錫＞鉄＞銅＞銀＞金＞黒鉛＞マンガン鉱を初めて示した。この序列にある2種の金属を任意に組み合わせると、左側の金属極板で酸化が起こり負極、右側の金属極板で還元が起こり正極の電池となる。ボルタは研究成果を、当時科学研究の中心地であったロンドン、パリまで積極的に発表に赴いた。

　1800年にはアンソニー・カーライルとウィリアム・ニコルソンが初めて水の電気分解に成功した。⑭式の逆反応である。

　　㉒　$2H_2O \rightarrow 2H_2 + O_2$

これは、陰極で水素イオンが還元され、
　　$4H^+(水溶液) + 4e^- \rightarrow 2H_2(気体)$
陽極で酸化が起こり、反応が完結する。
　　$2H_2O(水溶液) \rightarrow O_2(気体) + 4H^+(水溶液) + 4e^-$

　言うまでもなく陰極で発生する水素と陽極でできる酸素の容積は2:1の関係にある。この実験は、当時気体反応の研究を行っていたゲイ＝リュサックが、整数比で反応するという先に述べた気体反応の法則を発見するヒントとなった。
　この反応は、19世紀末までには水素製造の工業的方法にまで開発された。

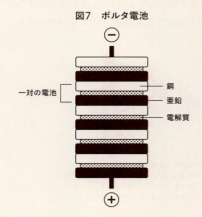

図7　ボルタ電池

ボルタ電堆　所蔵ヴォルティアーノ神殿
（ボルタの博物館）

検流計の発明

　1820年デンマークのハンス・クリスチャン・エルステッドは北を向いているべき磁針のそばに置いてあるコイルに電流を流すと針が振れることを見つけ、電気と磁気の間に関係があることを発見し、ガルバノメーター（名はガルヴァーニにちなむ）を発明した。これによって、電流の定量的測定が可能となった。

発電機の発明

　1831年英国のマイケル・ファラデーは、導線を円筒状に巻きその筒の中に磁石を出し入れすると、導線に電気が流れるという電磁誘導の法則を発見し、発電機のプロトタイプを製作した。その後石炭で湧かした水蒸気やダムの水力でタービンをまわす発電機へと開発が進み、電力の供給が可能となった。19世紀も半ばを過ぎると、炭素アーク電球、白熱電球ができ、人の夜間の活動が安全で広範囲に拡がった。

マイケル・ファラデー
（1791～1867年）

ファラデーによる啓蒙

　ファラデーのもう一つ忘れてはならない業績は、一般市民および青少年向けの科学の啓発活動を、当時は助手を後に教授を務める英国王立研究所で1825年に開始したことにある。クリスマス休暇を中心に毎年一人の一流の科学者が一つのテーマについて、簡単な実験・展示と併せて分かりやすい講演するものである。ファラデー自身はこのクリスマス・レクチャーを十数回

ファラデーによる初の電磁式発電機「ファラデーの円盤」

行っているが、1860年にはロウソクについて詳細な観察と簡単な実験をあわせた6回に及ぶ講演を行った。これは大変好評で、その内容は『ロウソクの化学史』（日本では『ロウソクの科学』と訳されている）として出版された。

　クリスマス・レクチャーは、広く社会の指導者層の科学に対する理解を深め、科学技

術者の育成に貢献し、ひいては英国のビクトリア朝の科学および技術の繁栄を招いたと評価されている。このレクチャー・シリーズは第二次大戦中の中断はあったものの、今日も受け継がれている。

2 トーマス・エジソンの電球

真空の発熱電球からアルゴンの活用へ

　白熱電球は19世紀の初頭から多くの科学者が製作を試みていたが、実用に耐えるものは、1875年イギリスのジョゼフ・スワンが40時間の点灯に成功したのが最初である。トーマス・エジソンは、白金をはじめとする揮発点の高い金属フィラメントなどの試作を辛抱強く何千と行った後、発想を変えて竹ヒゴを高温で焼いて作った炭素のフィラメント線を使い、1879年13.5時間もつ電球を作った。翌年には1200時間もつ電球に改良した。抵抗値の高い線に電流を通すと熱を発し赤くなる。温度が上がるとともに明るさを増すが、空気中の酸素と反応し燃えて切れてしまう。したがってガラスの球の中を真空にしなければならない。

　1904年タングステンフィラメントがより長もちし、なおかつ最も明るいことが分かった。1913年になるとアーヴィング・ラングミュアが、真空の白熱電球の代わりに不活性なアルゴンガスを入れると明るさが2倍になり、電球の内側が黒化しないことを発見した。クリプトン、ハロゲンなどのガス入り電球のはじまりである。

エジソンの最後の一息

　1903年に自動車工場を設立して自動車王となったヘンリー・フォードとエジソンは1920年代に親しくなり、その親交はエジソンの死まで続いた。ミシガン州にあるヘンリー・フォード博物館に1本の試験管が展示してある。この試験管にはトーマス・エジソンの臨終の間際に採取された「最後の一息」が入っていると書かれている。息子チャールズによると、1931年、エジソンの死の床の脇のテーブルに8本の空の試験管が用意された。息を引き取った直後、立ち会った医師が数本の試験管をエジソンの口元に置いて、しぼんで行く肺から吐息を集めてそれぞれの試験管をパラフィンで封じ、息子に手渡した。チャールズはヘンリー・フォードが父エジソンを崇拝していたことをよ

く知っていたので、試験管の1本を形見としてフォードにプレゼントした。フォード夫妻の没後、試験管はフォード博物館が管理することとなった。普通の空気に対して吐息がどのぐらいの割合で残っているのか疑問であるとか、試験管はあらかじめ真空にしておくべきだったなど、入館者からも意見が出ることを博物館は承知していた。それでもあえて展示しているのは、偉大な発明者の命の灯火が消えたことに対する、異例の弔意と受け止められるべきではなかろうか。試験管1本では確かなことはいえないが、この中にもカエサルの最後の一息の中の分子が、1個は入っているかもしれない。

電子の発見

　1869年から1875年にかけて、イギリスで物理学者ウィリアム・クルックスらは、電極を付けたガラス管の中を0.1〜0.005Pa程度の真空に引き、両極間に数kV〜100kVの電圧をかける一種の真空管を作り、さまざまな実験をした。1895年にはイギリスのジョーゼフ・トムソンが、陰極から出て陽極に飛ぶ陰極線について、次の4つの発見をした。

1) 陰極線は陽極に向かって直線に飛ぶ。
2) 陰極の金属の種類によらない。
3) 飛ぶ方向と垂直に管の外から電場をかけると進路がプラスの方向に曲がる。
　これらから、陰極線は負の電荷をもつ微粒子からなるに違いないと結論し、
4) さらに磁場をかけても曲がることから、この微粒子のもつ電荷e/mは
　$-1.76×10^8$（C/g）（Cは電荷の単位クーロン）であり、
　水素原子より2000倍は軽いと結論された。

ドルトンの原子説の第一項目の「全ての元素はその元素に固有の原子と呼ばれる最小で分割不能な微粒子から成る」、というのが間違いで、それより質量の小さな電子を発見したことになる。
　米国の物理学者ロバート・ミリカンは空気中に漂う油滴にこの電荷を担わせ、この最小の電荷を量る実験を1909年に行った。これが$e = -1.60×10^{-19}$Cであることから、陰極線の微粒子の質量$m = 9.1×10^{-28}$gであることが結論された。

第4章　水蒸気の威力　　097

陽子（原子核）の発見

　1909年にはラザフォードが、放射性元素ラジウムから放出される高速のα（アルファ）粒子を鉛の箱にあけた細穴を通して線束にし、金箔に当て、α粒子が受ける散乱の様子を測定した。実験結果は、α粒子の大部分はほとんど曲げられずに前方に透過するが、8000個に1個ほどのα粒子は大きな角度（90°超）の偏向を受けるという興味深いものであった。このことから、ラザフォードは、原子では質量の大部分が小さな、正電荷を帯びた領域（核・中心電荷）にあり、これを電子が取り囲んでいるという結論に達した。正に帯電したα粒子が十分に核に接近した場合にのみ、大きな角度の偏向を起こせるだけの強い斥力を受ける。核のサイズの小ささが反跳するα粒子の数が少ないことを説明できる。核は 10^{-14} メートルよりも小さいことを示した。こうして原子は中心に正電荷 Ze（Z はある整数、多くの場合原子番号と一致することが分かる。e は電気素量）をもち、原子の半径約 10^{-10} メートルに比べてはるかに小さく、原子の質量が集中した原子核があるとして計算した結果、実験とよく一致することを見出した。

　引き続き中性子が発見され、原子の実像が明らかにされた。20世紀は原子の世界のさらに深い姿とその世界を理解する理論が発展を遂げる。

QUESTION 設問

（1）空気の構成成分を分け取るのに、18世紀の科学者が使った化学的方法と19世紀後半の技術者が使った物理的方法の要点を考えてみましょう。

（2）自動ドアに電気モーター式と圧縮空気式とがあります。その機構と特徴を調べ、身近なところでどちらがどこでつかわれているか述べてください。

（3）トランジスタが発明されるまで、電子回路には真空管が用いられてきました。フィラメントからプレートに熱電子を飛ばしますが、空気分子が残っていると放電を起こし機能しなくなります。白熱電球よりも確実に中を真空とするために、ゲッターといい、マグネシウム、バリウムなどの金属を真空管の内側に置き、これを加熱してガスを捕捉しています。どのような化学反応が起きているのか、化学式で示しましょう。

（4）1890年代にレイリー卿とウイリアム・ラムゼーが行った、アルゴンの発見につながった実験を化学式で示しましょう。

（5）周期表の113番元素について知っていることを述べてください。

第5章

衣食住の充実

人口増加と
食料生産

5-1 窒素の大きな役割
窒素固定の仕組みとサイクルを学ぶ

食料生産の増加

　古来、文明は肥沃な土地に栄え、食料増産が文明の発展に不可欠であった。ヨーロッパでは、イスラーム諸国から錬金術をもとにした科学が伝来するとともに、「中世農業革命」が起きた。これにはハードとソフトの両面があった。前者は鉄製の重い鋤の製造で、これを牛に引かせ、農地を深く耕すことを可能とした。後者は耕地を3分割し、1つは春耕地（春蒔き、夏畑、秋収穫）として豆・燕麦・大麦を、1つは秋耕地（秋蒔き、冬畑、春収穫）として小麦・ライ麦を栽培し、1つを休耕地とし、それを年ごとに替えていく「三圃制」が普及した。休耕地は農民の家畜の共同放牧に利用された。この方法によって人工的な肥料を用いなくとも地味を維持することができ、11～14世紀の気候の温暖化と相まって、農業生産は著しく増大した。

　穀物生産は、10世紀以前と比べ10倍にも増加している。その結果、人口増加と都市の誕生につながり、キリスト教世界の膨張運動である十字軍運動の背景となった。

窒素が人口激増の時代を支える

　20世紀の幕開けにあたって、ウィリアム・クルックス卿は英国学術協会の会長就任に際し、有名な演説を行った。トマス・ロバート・マルサスが1798年に著書『人口論』で予言した通り、人口の急増と食料不足がヨーロッパで切迫していることを踏まえて、これを解決するために窒素肥料の供給、具体的には空気中の窒素の固定（N_2を化学変化させ、植物が根から吸収できるようにすること）を実現することが科学者の責務であると檄を飛ばした。クルックス卿自身は1892年に空気中で窒素を燃やす実験を行っており、レイリー卿に巨大な誘導電流を使う大規模装置の制作を依頼している。これは自然界で雷によって酸化窒素NOが生成する反応を実験室で能率よく行おうとするものであった。この方法は水力発電で電力が安価なノルウエーで一時工業化されたが長くは続かなかった。

100　第5章　人口増加と食料生産

アンモニア合成

クルックス卿の呼びかけに応えるように、ドイツのフリッツ・ハーバーが1909年に水素と窒素ガスからアンモニアを合成する反応を開発し、これがカール・ボッシュによって受け継がれた。化学式㉓の反応でアンモニアを生産するもので、ハーバー・ボッシュ法と呼ばれる。これにより分子は再び過酷な条件に曝された。体積比で1：3の窒素と水素の混合気体を15-25MPa（150〜250気圧）に加圧し、350〜550℃で、鉄鉱石を主体とし酸化アルミニウム、酸化カリウムを添加した触媒層を通し、生成するアンモニアを冷却または水で吸収して分離する方法の開発である。

フリッツ・ハーバー
（1868〜1934年）

㉓　$N_2 + 3H_2 \rightarrow 2NH_3$

カール・ボッシュ
（1874〜1940年）

当初は技術的問題があったが、これを解決し、1913年に工業化が実現した。ここで必要な大量の水素は、もはや水の電気分解や鉄に硫酸を反応させるといった方法では追いつかない。そこで、石炭や石油から得られるメタンガスに酸化ニッケル(II)を触媒とし、水蒸気を反応させる水蒸気改質反応が用いられた。

$CH_4 + H_2O \rightarrow CO + 3H_2$

これだけでは純粋な窒素と水素からのアンモニア合成となるが、ハーバー法では窒素の代わりに空気がそのまま使えるように工夫がされている。すなわち空気中の残りの21％の酸素ガスを反応させるに必要なメタンを使い、水素の一部も酸化して反応全体で必要とする大量の熱を獲得する。

$2CH_4 + O_2 \rightarrow 2CO + 4H_2$
$CH_4 + 2O_2 \rightarrow CO_2 + 2H_2O$
$2H_2 + O_2 \rightarrow 2H_2O$

さらに水性ガスシフト反応というものを使って水素を獲得する方法が開発された。

$$CO + H_2O \quad \rightarrow \quad CO_2 + H_2$$

こうして生産されるアンモニアは年々増加しており、2016年には世界で1億5千万トンにも達している。

自然界の窒素固定1　細菌類

空気中の窒素を工場で固定して得られたアンモニアの85%は窒素肥料として使われている。トウモロコシなどある種のイネ科植物では液体窒素（沸点-33.34℃）を直接土壌に流し込んでも平気であるが、多くの場合、これを硫酸や硝酸で中和してアンモニウム（NH_4^+）塩とする。又白金などを触媒として使った空気酸化（オストワルド法と呼ばれる）で酸化してできる硝酸の塩としたり（㉔）、または尿素に変えられ、植物の固形肥料となった。

$$㉔ \quad 2NH_3 + 2O_2 \quad \rightarrow \quad HNO_3 + H_2O$$

ハーバーとボッシュのアンモニア合成は、「水と石炭と空気とからパンを作る方法」とも呼ばれ、フリッツ・ハーバーはこの方法の原理の開発で1918年の、カール・ボッシュは高圧化学反応の研究で1931年に、ノーベル化学賞を受賞している。

窒素肥料となるまで

豆科植物の中には、空気中からそのまま窒素を捉えることができるものがいる。寄生している根粒菌が、ニトロゲナーゼという酵素によって窒素をアンモニアに変えるのである。この酵素は活性中心にFeとMo、硫黄から構成されるクラスター補酵素をもつ。宿主である豆科植物の根からATPと炭水化物の供給を受け、アンモニアはほかの酵素によってグルタミン酸塩と硝酸塩に変換され、植物が利用可能な形となる。

$$N_2 + 8H^+ + 8e^- + 16Mg\text{-}ATP \quad \rightarrow \quad 2NH_3 + H_2 + 16Mg\text{-}ADP + 16Pi$$

すなわち、アミノ酸、RNA、DNAと略記される核酸、葉緑素、各種酵素などに姿を

変える。幾種類かのアミノ酸がDNAの設計図に従って配列して手をつなぎ、植物タンパク質ができ上がり、種子・果実に蓄えられる。

植物の起源である藍藻（らんそう）は、シアノバクテリア（藍色細菌）とも呼ばれる真正細菌の一群であり、光合成色素クロロフィルをもち、35億年前に光合成によって地球上で初めて酸素を生み出したことで有名である。この種の中にも窒素固定

先カンブリア紀のストロマトライトの化石、米国グレイシャー国立公園

をするものがいる。ストロマトライトがそれで、光合成バクテリアが分泌する粘液に、藍藻の死骸など細かい堆積物が海水中の炭酸カルシウムとともに沈着してできた岩石で、ドーム状あるいは柱状の構造体を構築している。光合成バクテリアは、日中は光合成をし、運動性もあるので光を求めて沈着物の表面に出て、夜間は活動を休止する。この繰り返しによって炭酸カルシウムを含む固い層状構造が形成され、ストロマトライトと呼ばれる生物岩はゆっくりと成長していく。

自然界の窒素固定2　窒素酸化物

雷の放電は地球上のどこかで毎日8百万回も起きていると推定されている。これは空気分子の一つ水分子の仕業（しわざ）である。水蒸気が上昇気流に乗って上空に運ばれると、冷やされ過飽和状態になり、細かい水滴を形成する。中には氷の粒もある。これが雲である。雷雲の中では、これら水の微粒子や氷の粒の集合に向かって、冷やされて小さな粒となった水が地上からさらに登ってくる。両者の衝突・摩擦によって後に来た水分子から電子がはじき出され、正に荷電した水分子が雷雲の上層に、電子を受け取った水の微粒子が下層に配置される。これら電荷は異なる雷雲との間で、また地上に対して大きな電位差をもっているので、相手に向かって放電をする。途中で窒素や酸素分子の電子をたたき出し、正に荷電した原子分子と電子というプラズマが生し、放電の経路を作る。こういう厳しい条件では、窒素分子は酸素分子と手をつなぎ、窒素酸化物を与える。

産業革命のまっただ中、主として石炭を燃焼させ水蒸気を発生させる蒸気機関に巻き込まれても、窒素はそのまま平気で排出された。不活性といわれる所以（ゆえん）である。しかし、19世紀末、ディーゼルエンジンが開発されると、そうはいかなくなった。この中では高い圧縮率と1500℃という高温から、吸い込まれた空気中の窒素も酸化され、NOxという

標記で総合的に表される窒素酸化物（x = 1/2、1、2など）ができてしまうようになった。

$$N_2 + O \rightarrow NO + N$$
$$N + O_2 \rightarrow NO + O$$
$$N + OH \rightarrow NO + H$$

排気ガス中のNOは豊富にある空気によって酸化されNO$_2$となる。

$$NO + O_2 \rightarrow NO_2$$

NOは哺乳動物の心臓が作り出す情報伝達物質でもあり、血管を拡張させる。水に溶けないが、NO$_2$は褐色の気体で水に溶けて硝酸となり、窒素肥料となる。もっともNOxは大気中では大気汚染物質となる（117ページ参照）。

空気中の窒素が固定される割合は、今日次のように推定されている。生物固定48％（バクテリアと藻類37％、マメ科植物11％）、ハーバー・ボッシュ法23％、土地利用改変20％、化石燃料の燃焼6％、雷3％である。この中でハーバー・ボッシュ法を生物固定と表4で比較してみた。

表4　ハーバー・ボッシュ法と生物による空気中の窒素固定の比較

	ハーバー・ボッシュ法	生物固定（ニトロゲナーゼ）
方法	化学工業	自然界
原料	空気（N$_2$、O$_2$）、化石燃料からのメタン、水	空気中のN$_2$、特殊なバクテリアと藻類および根粒菌
反応条件	200気圧、450℃で、鉄鉱石に酸化アルミニウム、酸化カリウムを添加した触媒を用いる	常温、常圧でニトロゲナーゼの作用
全窒素固定の内訳	23％	48％
自然環境への影響	合成され施肥された肥料の50％近くは、作物に吸収されないまま、農地から河川・湖沼・海へと流れ、そこの環境を富栄養化している	バクテリアおよび宿主の豆科植物が必要とするだけ固定している

従来の窒素肥料　チリ硝石

19世紀末までは窒素肥料は、家畜のし尿をはじめとする有機質肥料を除くと、チリ硝石（ソーダ硝石）のみであった。チリ硝石は、アンデス高地の窒素分が地下水で運ばれて蒸発し、濃縮されて堆積したもののほか、グアノ（離島の珊瑚礁に海鳥の死骸、糞、エサの魚、卵の殻などが数千年〜数万年堆積して化石化したもの）や、海藻が堆積した産物といわれる。原石は採掘後粉砕し、砂礫や泥を取り除き、濾過、結晶させて硝酸ソーダを精製する。これが大量にヨーロッパに輸入された。

窒素の役割

窒素は空気成分として最も多く含まれ、大気中に$3.8×10^{15}$トンもある。常温常圧では反応性に乏しいので不活性気体と呼ばれ、長らくその存在すら無視されることが多かった。実際に、1個の窒素分子が大気中にそのままでいる滞留時間は100万年と推定されている。ハーバー・ボッシュ法などで窒素を使っても、びくともしないのだ。

カエサル由来の窒素分子も、ローマ時代から2000年以上、そのまま残って各地を旅してきた分子が多いと考えられる。そしてその役割は意外に重い。

①活性の強い酸素を程よく薄めている。

もし窒素がなかったら、生物は呼吸の際に大きな酸化負荷を負い、また森林・草原は少し乾燥しただけで火災だらけだったろう。

② 窒素循環

不活性であるとはいっても、窒素は自然界では化学変化をしながら循環している。これは、窒素固定、硝化、および脱窒という3つの過程により成る。

㉕　窒素固定　N_2　→　NH_4^+

㉖　硝化　　　NH_4^+　→　NO_2^-　→　NO_3^-

㉗　脱窒　　　NO_3^-　→　NO_2^-　→　NO　→　N_2O　→　N_2

土壌や水中にいるバクテリアの中には、アンモニアから亜硝酸イオンを経て硝酸イオンに酸化するものがいる。この過程を硝化という。

硝酸イオンを還元して窒素N_2に戻すバクテリアもいる。このバクテリアは普通の生

物が代謝にO_2を使ってATP（35ページ参照）を作るところを、NO_3^-を使っている。自然界にこの作用がなかったら、いくら大気中に豊富にあり比較的不活性な窒素N_2といえども、漸減して行く運命を免れない。

　植物や動物が死滅すると、タンパク質はバクテリアによって無機化され主としてNH_3やNH_4^+となるが、これらがバクテリアによって硝化と還元を繰り返すことによって窒素に戻し、自然界の窒素循環が成立する。

　穀物や野菜などの肥料となってしまった窒素分子の旅は、幸せだったといえるかもしれない。なぜなら食料増産に寄与し、多くの人々の飢えを凌ぐ食料となったのだから、過酷な条件に耐えた甲斐があったというものだ。中には硝酸に変えられ、第一次大戦以降、爆薬の主成分として知られるトリニトロトルエン（TNT）などの製造に使われ、破壊や殺傷に使われるという残念な運命が待っていたものもいる。

図8　窒素サイクル

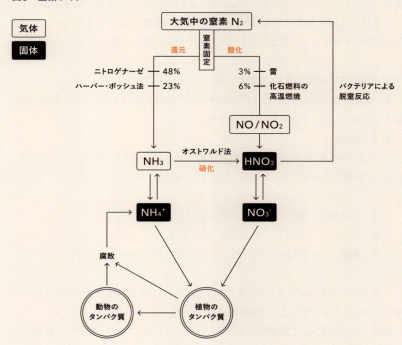

5-2	# 光合成
	一大工場である植物と光合成のストーリー

植物の中のミクロな一大工場

　肥料の話が続いたが、そもそも植物はどうやって育つのだろう。

　紀元前4世紀にギリシャの哲学者アリストテレスは、植物は土壌から根を経由して養分をとると考えた。近代科学の誕生はこの分野でも起きていた。二酸化炭素の発見に寄与したフランドルの化学者ファン・ヘルモントは、炉の中で土を徹底的に焼き乾かし、その90.7キログラムを鉢に入れ、これに秤量した柳の苗木（2.3キロ）を植えた。外界から栄養が入らないように注意して、蒸留水のみを与えた。5年後、木を抜き、残土を再び乾かし秤量した。植物は質量が74.4キロ増えており、土は57グラム軽くなっただけだった。アリストテレスの考えが正しいならば、土の質量はもっと減っていなくてはならない。ヘルモントは植物の生長は水によると考えた。

　酸素の発見者の一人プリーストリーは、閉じたガラスの容器の中でロウソクを燃やすと火はほどなく消え、その中ではマウスが生きられないことを1772年に発見した。このフロギストンと結びついた空気の中に、ハッカの鉢を入れ明るい所に置くと、問題なく育ち、27日後には再びロウソクを燃やすことができた。

　植物では、光合成というプロセスによって、二酸化炭素と水が使われる。まず、CO_2が葉の裏にある気孔から入って行く。その量は思ったより多く、例えばヒマワリの葉に燦々と日が当たっていると、葉の面積100平方センチメートルごとに1時間に13ミリリットルのCO_2が入って行っている。葉において気孔の穴の占める面積は、葉の面積の1％にすぎないので、1平方センチメートルの穴を通じて1時間に13ミリリットルものCO_2（空気にすれば43リットル）が透入する計算になる。一方、水は毛根から道管を通って葉の隅々まで行き渡る。両者が直径5〜10ミリメートルで凸レンズ状をした葉緑体クロロプラストの中で合わさって日照が得られると、光合成が行われる。1キログラムの二酸化炭素を吸収し、水を使って、750グラムの酸素を生産し、600グラムのグルコースを作り出す。

第5章　人口増加と食料生産　107

㉘　$6CO_2 + 12H_2O + 太陽光　\rightarrow　C_6H_{12}O_6（グルコース）+ 6O_2 + 6H_2O$

　もっともこれだけでは、光合成の全ストーリーの一部しか語っていない。光合成は上の式で表されるが、明反応と暗反応からなる。明反応は昼間日光を受けながら葉緑体の中で起こる反応で、葉緑素クロロフィルという緑色の色素が吸収した光エネルギーを使って、まず水の酸化還元反応が起こる。

$$4h\nu$$
㉙　$2H_2O　\rightarrow　4e^- + 4H^+ + O_2$

　次いで、補酵素ニコチンアミドアデニンジヌクレオチドリン酸($NADP^+$と略記)が電子(e^-)を受けて還元され、酸化された水は酸素となる。この反応のエネルギーを使って葉緑体にある酵素を使ってATPが合成される。

㉚　$2H_2O + NADP^+　\rightarrow　2NADPH_2^+ + O_2$
　　$ADP + Pi　\rightarrow　ATP$

　光を受けて合成されたATPと還元型の補酵素NADPHが化学エネルギーとなって、引き続き二酸化炭素を還元する反応が起きる。この反応は光の助けを借りずに起きるので暗反応と呼ばれるが、夜間に起きるとは限らない。

㉛　$3CO_2 + 9ATP + 6NADPH　\rightarrow　GAP + 9ADP + 8Pi + 6NADP^+$

　こうしてできたグリセルアルデヒド-3-リン酸（GAPと略記）がカルビン・サイクルでグルコースなどになる。米国のメルビル・カルビンらが1950年に解明した11種類の酵素によって触媒される13段階の化学反応からなる。緑の葉の中は一大工場なのである。
　㉚式を3倍、㉛式を2倍して加え合わせると、両辺から補酵素やATP、ADPが消えて、最初の光合成の㉘の式となる。

108　第5章　人口増加と食料生産

植物の光合成は、1キログラムの二酸化炭素を吸収し、750グラムの酸素を生産し、水と合わせて600グラムのグルコースを作り出す。右辺の酸素分子（6O_2）は、左辺の水（12 H_2O）の中の酸素原子から来ていることが^{18}O同位体を使った標識実験から証明されている。すなわち、水の酸素を標識した$H_2^{18}O$を使った際には生成する酸素に標識が入ってきて$^{18}O_2$が得られるが、二酸化炭素（$C^{18}O_2$）を使っても$^{18}O_2$は得られない。したがって、この式の両辺から等しく6 H_2Oを引くことは、数学ならばよいが化学方程式ではできない。植物の葉の中は一大化学工場なのである。

　光合成産物は、篩管(ふるい)を通って葉から茎へ、そして茎から生長点（芽や根の先端）へと流転する。成長期が終わりに近づくと、今度は流れが貯蔵器官（根や果実）へと向かう。転流の速度は大きく、40〜110cm／時間にも達する。

　光合成産物はグルコースから出発して脱水縮合が進行し、スクロースさらに多種の多糖類へ変化し、貯蔵物質としてはデンプン（（$C_6H_{10}O_5$）$_n$、nは50〜60万）に、そして細胞壁多糖類としてはセルロース、ヘミセルロース、ペクチンなどに変化する。これらは一括してバイオマスと呼ばれるが、地球上で年間炭素に換算すると1千億トンにも達する。

　デンプンは小麦、トウモロコシ、米、芋などの形をとり、全ての生物のエネルギー源として利用され、いわば地球上の全生命が炭水化物に依存している。また人は、これらを食べる草食動物を家畜とし、それを食べることによって、動物タンパクを得ている。

図9　光合成

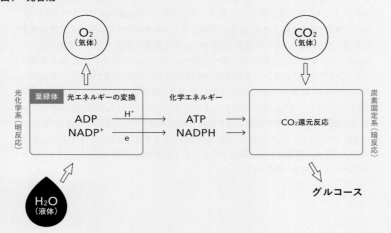

海水中の酸素分子

1リットルの純水中には、1気圧20℃で9ミリグラムの酸素が溶けるが、海水中にはさまざまな塩類が溶けているので、6ミリグラムしか溶けない。その一部は大気中の酸素が入ったり出たりしているものであるが、大部分は太陽光のよく通る水深100メートル以内に生息している海藻、植物プランクトンがエンドウ豆と同じような光合成をして生じたものである。併せて魚介類の呼吸を支えている。これが3ミリグラムを切ると、魚介類は生息できない。別の見方をして、海水中に溶けている空気の組成を調べると、窒素が63%と減って、酸素が34%、アルゴンが1.6%と増えている。植物プランクトンの種類は豊富で、地上の植物と似た季節変化を示す。光合成による二酸化炭素の固定の総量は地上の植物のそれに匹敵する。

COLUMN 地球大気成分の変遷 2

紀元前44年のローマから始まったこの物語のはじめから現在まで、大気中の酸素濃度は21%とほとんど変わらないが、地球の誕生から眺めると、地質時代とともに大きく変化をしている。今から46億年前とされる地球誕生時の水素とヘリウムについては、3章のコラムで述べた。それから5億年ほどの間に、地球大気は水蒸気、二酸化炭素、窒素、メタン、アンモニアに置き換わった。窒素は火山活動、隕石の衝突などにより、地球マグマから噴出されたものである。次第に地球が冷え水蒸気が雨となり38億年前頃に海洋が形成された。太陽からの紫外線による水と二酸化炭素の直接光分解で酸素ができてはいたが、大部分は海に溶け、鉄の酸化に使われてしまった。25億年前頃、海の浅瀬にシアノバクテリアが繁殖し、この微生物は太陽光の下、二酸化炭素と水を使って上記の光合成を始め、酸素を放出し始めた。こうしてできた酸素がカンブリア紀初頭（10億年前）には0→13→15%と増え、新生代（2500万年）からは、今日の21%に落ち着いている。その間酸素は古生代石炭紀に大気組成の30%を越える増加を示し、シダ植物・昆虫の繁栄をもたらした。この化石が今日、石炭をはじめとする化石燃料となっている。現在大気中の酸素の総量は1.1×10^6ギガトン（Gt）と推定され、酸素分子がそのままでいる滞留時間は4500年と推定されている。

5-3 高分子の時代へ
多様化する社会で衣住を支える

　人類は動物や植物の繊維を使って、衣類や住まいの一部を作ってきた。世界の四大文明は、それぞれ、古代エジプトが麻、インダス文明が木綿、メソポタミア文明が羊毛、黄河文明が絹の発祥の地となっている。これら天然繊維は肌触りのよい素材として今日でも使われている。しかしながら、人口増加や人間の活動の多様化は、科学技術の発展とあいまって、新しい繊維群を生み出した。それが20世紀である。

高分子の発見

　1861年、トーマス・グレアムが身近な物質が透析膜を通過する挙動の違いから、晶質（クリスタロイド）と膠質（コロイド）に分類した。半透膜を通らない卵白やゼラチンなどが膠質で、よく通る食塩や砂糖が晶質である。コロイド状物質は広い分子量分布を示す物が多く、数種の単純物質の複合体あるいは小分子が多数会合したものである可能性が強いと考えられた。1920年になると、ヘルマン・シュタウディンガーが、コロイド状物質は全てが低分子会合体ばかりでなく、共有結合で分子量が圧倒的に大きくなった高分子があり、その中でも天然ゴムなどは条件を変えたり、化学的変成を加えても、分子量に大きな変化がないことを確かめた。さらに植物が光合成で作り出すセルロース、デンプン、ゴムなどが高分子であること、窒素原子を含む生物のタンパク質やDNAも高分子であることが分かってきた。スチレン、シクロペンタジエン、インデンなど、モノマーと呼ばれる分子の重合（分子が強い手を結ぶ）することによって高分子量の重合体が得られることを確認し、高分子の存在を実証した。空気分子の分子量はおおよそ30前後であるのに対して、高分子のそれは数万から100万に及ぶ。

　この研究はデュポン社のウォーレス・カロザースに引き継がれ、ナイロン合成によってプラスチック時代の幕開けとなった。発明が1935年であり、1938年には早くも世界初の合成繊維として発売された。ナイロン・ストッキングが代表例である。それだけではなく、"クモの糸よりも細く、鋼鉄よりも強い繊維"として堅牢なテント、パラシュートや防弾チョッキが作られ、第二次世界大戦に貢献した。今日でも自動車のタイヤを丈夫にするのに役立っている。このナイロンは、「物質の性質は一義的には元素の種

第5章　人口増加と食料生産　111

類、二義的には分子構造によって決まる」という原則に基づき、α-アミノ酸が連なった
ポリペプチドである絹の分子構造を最も単純化して模倣し、アミド結合を繰り返し単
位とする高分子を作ったものである。

　　絹フィブロイン
　……-CONH-CHR-CONH-CHR-CONH-CHR-CONH……
　（R=H、CH_3、CH_2OH、p-HOC_6H_4など）
　　ナイロン
　……-CO-$CH_2CH_2CH_2CH_2$-CONH-$CH_2CH_2CH_2CH_2CH_2CH_2$-NH-……

　構成元素は炭素、窒素、酸素、水素だけで、「石炭と水と空気から作る繊維」という
謳い文句で宣伝された。必要な窒素と酸素が空気から、水素は水から、炭素鎖CO-
$CH_2CH_2CH_2CH_2$-COは石炭タールからきている。
　ナイロンの成功は、世界中の化学者、化学技術者に大きな発明意欲をかき立てた。
1937年にはドイツでユニットの結合部分がウレタン結合（-OCONH-）からなるポリ
ウレタンが完成した。これは、伸縮性の大きな繊維となり、第二次大戦後各種アメニ
ティーが一層豊かになった。わが国では、1939年に桜田一郎がビニロンを発明した。
　戦後、石油化学工業の発展と重なって、これらにポリエチレン、ポリプロピレン、ポリ
スチレン、ポリ塩化ビニルなどが加わり、鉄板やガラス窓に替わって人々の住環境の
改善・多彩化に貢献し、プラスチックの世紀を築くこととなった（1989年には世界の
プラスチックの生産量が体積で1000億ℓとなり初めて鉄鋼を追い越した）。ポリアク
リロニトリルの例では、ナイロンで使われた謳い文句「石炭と○○」が「石油と水と空
気から作る繊維」に替わる。すなわちプロピレンとアンモニアと酸素とから触媒を使っ
た反応でアクリロニトリル（CH_2=CHCN）が作られる。これを付加重合させると、ウー
ルに似た肌触りをもつポリアクリロニトリルが得られる。これだけに留まらず、これを
窒素などの不活性気体中で段階的に200〜3000℃で蒸し焼きにし、揮発性の酸素、
水素、窒素を飛ばして行くと、純度90%以上の炭素繊維が残る。これは強靭で軽く、航
空機のボディーに大量に使われるようになっている。

シリコン文明

21世紀と今世紀は、またシリコン文明とも呼ばれる。シリコンで象徴されるコンピュータ、および情報処理テクノロジーとインターネット・プロトコール、さらに太陽光発電がもとになっている社会現象、社会制度全体を一言で表している。

地球上の地表付近に存在する元素の割合を重量パーセントで表したものをクラーク数という。地表付近では、水（H_2O）や二酸化ケイ素（SiO_2）、ケイ酸塩が多いので、クラーク数は酸素、ケイ素、アルミ、鉄の順序になっている。ケイ素はこのような造岩鉱物の一種であり、希土類元素のように資源として欠乏する心配は全くない。

この二酸化ケイ素を、炭素電極を用いたアーク放電炉で1900℃に加熱すると、反応㉜が起こり、純度98％のケイ素が金属状に得られる。融解させ電気分解することにより、99.9％の純度となる。

㉜　$SiO_2 + 2C \rightarrow Si + 2CO$

シリコン・ウェハーで使われる99.9999999％の高純度ケイ素は、揮発性の塩化ケイ素類を蒸留で精製した後、「燃えやすい空気」すなわち水素H_2で還元して製造する。

こうやって作った純度の高いシリコンは、半導体素子としてトランジスタ、集積回路、抵抗、コンデンサとなり、コンピュータ、テレビ受像機、携帯電話などの電気製品の心臓部を構成する。またケイ素のもつ光起電力を使う太陽電池として使用される。

第5章　人口増加と食料生産　113

QUESTION 設問

(1) アルゴンは中高の教科書では希ガスと書かれますが、(公社)日本化学会は貴ガスと呼ぶべきであると推奨しています。なぜでしょうか。

(2) 大気中のNOxというと、燃料の中に含まれるさまざまな窒素化合物が燃えて出てくるものと思いがちですが、最近は高温の燃焼で空気中のN2が酸化されて生成している場合が多いのです。この違いを説明してください。

(3) 英国学術協会会長を務めたウイリアム・クルックス卿の業績を調べ、下記の中で関係ない項目はどれでしょうか。

a) 科学ジャーナリストとして論文誌Chemical News を創刊し編集長を務めた

b) マイケル・ファラでーのクリスマス・レクチャーを筆記し、ファラデーの名著The chemical history of a candleの出版を助けた

c) 元素タリウムを発見した

d) 当時としては真空度の高い(0.1〜0.0005 Pa)クルックス管と呼ばれる放電管を作成し、電子を発見した

e) ノーベル物理学賞を受賞した

f) 心霊現象研究協会の創設に加わり、会長を務めた

第 6 章

地球と未来

大気環境と
地球温暖化

6-1 大気環境の諸問題
なぜオゾン層の破壊が進んでいるのか

呼吸や燃焼に伴う空気組成の変化

空気は窒素N_2 78％、酸素O_2 21％、アルゴンAr 0.9％、水蒸気H_2O 約0.4％、二酸化炭素CO_2 0.040％で構成される（12ページ表1参照）。ものが燃えると周辺の空気組成は変わってきて、人の身体に影響を及ぼす。人の呼吸に酸素がなくてはならないことは皆が知っているが、動脈血中の酸素濃度を正常値の60％以上に保つことが必要であり、酸素濃度が薄くなってゼロとなるかなり前から人の呼吸に影響が出てくる。

1）空気中の酸素濃度が21％よりも低くなっていき、18％未満となる状態を酸欠状態という。

2）呼気の酸素濃度は16％またはそれ以下であるから、換気の悪い狭い部屋に多くの人が入ると、次第に息苦しく感じる人も出てくる。

3）15％以下になると、ロウソクは不完全燃焼を起こし、火は自然に消える。人の呼吸は速くなり、息苦しく感じる。このとき空気中にはまだもと（21％）の半分以上の酸素が残っている。

4）12％以下になると、立ってはいられない。這って歩くのがやっとである。

5）10％以下になると、意識はあるが動けない。

6）6％以下（いわゆる無酸素空気）になると、1回吸っただけで失神する。

7）火災現場では酸欠状態になるだけでなく、これに二酸化炭素、一酸化炭素その他、燃えてできた有毒ガスが加わるので、人が呼吸をするのは困難となる。

8）空気の質量は1リットルあたり1.18グラムであるのに対して、二酸化炭素は1.799グラムあり密度が高く、風がなければ低い所に漂う（標準状態での比較）。

9）0.1％以下になると、大抵の昆虫、カビ、好気性細菌ですら生息が阻害される。

COLUMN 死に至る毒性を持つ一酸化炭素 CO

地球大気中の濃度は0.1ppmまたはそれ以下、すなわち水素よりも少ないので、空気分子の仲間としては無視できるほどである。しかし、地球マントル中にはかなり溶けていると考えられ、金星の大気中には17ppm含まれ、星間空間ではよく見つかる分子である。地表でもバイオマスや化石燃料の不完全燃焼で局所的に濃度が高くなり、しかも100ppm以上になった空気を人が1時間も吸うと頭痛を生じ、1600ppm (0.16%)になると意識を失い、死に至る毒性を持つので厄介である。アリストテレスはすでに石炭を不完全燃焼させると有毒なガスを含む空気となることを記録している。危険性のある閉ざされた環境で長時間働かねばならない炭坑夫は、20世紀になって自動検出器が開発されるまで、カナリアの鳥かごを持って作業をしていた。鳥は呼吸器の構造から、人より感度が高い。この毒性はCOがO_2よりも強く血中のヘモグロビンと結びつきやすいことからきている。このため酸欠状態となる。COは無色無臭で、家庭に引かれている都市ガスにも含まれていた。わが国では、これが2010年には石炭ガスから全て天然ガスに切り替えられたので、ガス漏れによる心配はなくなった。ストーブや湯沸かし器の不完全燃焼には、今でも気をつけなければならない。

大気汚染

　もう少し視野を拡げて空気組成の変化を眺めよう。産業革命の起きたイギリスで大気汚染がスモッグという形をとって現れたことを4章（82ページ）で述べた。その後、世界各国で工業化と都市化が進むと、これに対応して大気汚染が順次各地で認められるようになった。20世紀に入ると、石炭にとどまらず石油などの燃焼でスモッグが発生し、わが国では1960～70年代の高度成長期に、中国やインドでは21世紀に入った今日でも、大気汚染が大きな社会問題となっている。アメリカ西海岸では1960年代から、高速道路を走る大量の自動車の排気の中の燃料成分とNOxが原因となって、遠方から見るとベージュ色の霞のように見える大気汚染が新しく出現した。太陽光がふんだんに当たり、燃料成分からは刺激性のアルデヒド類が、NOxからはオゾンが生成していた。これらは光化学オキシダントと呼ばれ、大気汚染を光化学スモッグと呼ぶようになった。

第6章　大気環境と地球温暖化　117

$$NO_2 + hv\,(<400\ nm) \quad \rightarrow \quad NO + O$$
$$O + O_2 \rightarrow \quad O_3$$

　このオゾンは、次節の成層圏オゾンに対して、地表オゾン、対流圏オゾンと呼ばれ、悪玉オゾンである。0.1ppmのオゾンに曝されていると、人の呼吸器および嗅覚に障害をもたらし、農作物に斑点などの被害を与える。森林樹木は負荷を受け、ひいては昆虫、強風、キノコ類の寄生植物に対する耐性が低下している。

オゾン層と酸素分子

　オゾンは19世紀に発見されていたが（注14）、その振る舞いや役割が分かってきたのは20世紀になってからである。
成層圏の地上20キロメートル辺りにオゾン層と呼ばれて、オゾン（O_3）の濃度が濃い所が層状に広がっている。ここでは、酸素分子が太陽からくる波長の短い紫外線（波長にすると240ナノメートルより短波長側、注15）を受けて2個の酸素原子に解離し、この酸素原子がもう一つの酸素分子と衝突することによりオゾンが生成する（式㉝、㉞）。

　㉝　$O_2 + 紫外線 \quad \rightarrow \quad 2O$
　㉞　$O + O_2 \quad \rightarrow \quad O_3$

　短波長の紫外線は太陽に近いほど強いが、高度の高い所では酸素分子の濃度が低下するので、オゾンが生成するのに最適な高度になっていき、それが地表からの高度20キロメートル前後ということである。オゾン層といっても、大部分は地上の空気が薄くなって存在するだけで、その中のオゾンの量は全気体の0.0002〜0.0008％（2〜8ppm）含まれるにすぎない。それでも、地上では先述の光化学スモッグを除くとめったに検出されず、あっても高々0.005ppmなので、1000倍以上濃い。
　南極や北極上空の成層圏では、大規模な気流の渦の極渦を生ずる独特の気象条件により、春季のオゾンの濃度が減少するため、人工衛星からの映像ではオゾン層に孔があいているように見える。これをオゾンホールと呼ぶ。最初の報告は、気象庁気象研究所（当時）の中鉢繁らによる日本の南極昭和基地の観測データで、1983年の極域気水圏シンポジウムおよび翌1984年のギリシャで開かれたオゾンシンポジウムと

いう国際学会で発表された。しかしながら、その翌年、ジョセフ・ファーマンらが成層圏大気にフロンがあることを併せて論文で発表し、1995年ノーベル化学賞を受賞した。

やや長波長の紫外線（波長にすると320nmより長波長側）では、⑭式の逆反応が起こっている。すなわち太陽から来る紫外線はオゾン層で吸収カットされ、地表ではすっかり弱められている。強い紫外線はDNAに損傷を与えるため生物にとって有害であり、おおよそ5億年前に形成されたオゾン層のお陰で生物が陸上で繁栄できるようになった。上記のオゾン量を標準状態の純粋なオゾンに換算すると、厚さで2.80〜3.00ミリメートルに過ぎない。地球上の生物は、たった3ミリの厚さの地球を取り囲む「サンスクリーン（日焼け止め）」によって、有害な紫外線から守られているのである。

ところが、人の生産活動からでてきたフロンなど塩素を含む化学物質とか、ディーゼルエンジンの中でできるNOxなどが大気中に排出されたことで、これらがオゾン層まで運ばれ、オゾンの破壊が進んだ。フロンは冷蔵庫、空調機器などの冷媒や、プリント基板の洗浄剤として使用され、沸点が低く非常に安定な物質であるため、漏れると気化しほとんど分解されないまま成層圏に達し、太陽からの強い紫外線によって分解され、オゾンを分解する働きを持つ塩素原子ができる。

一般に、地球を取り囲むオゾン量が1%減少すると、有害紫外線量が2%増加し、皮膚ガンが2%増加すると推定されている。成層圏オゾン層の破壊に対するフロンなどオゾン層破壊物質の危険性が明白となった1980年代に、2つの国際合意（注16）が成立し、協調して対応が進められた。

その結果、特定フロンすなわち5種類のクロロフルオロカーボン（CFC）の生産が1995年末までに、HCFC（ヒドロクロロフルオロカーボン）は2020年までに全廃されることとなった。これらに代わるものとして、代替フロン(HFC、PFC、SF6)が認められた。こうして、オゾン層の破壊を防ぐ試みが国際的にある程度の成功を収めた。

（注14）　オゾンは1840年ドイツのクリスチアン・シェーンバインによって発見され、独特の臭いがあることから、ギリシャ語の臭いという言葉にちなんでオゾンと名付けられた。1920年には、イギリスのゴードン・ドブソンが対流圏から遠くない成層圏に太陽の紫外線をよく吸収し温度が高い所があることを発見し、これがオゾン層と呼ばれることになった。

（注15）　無色の光は、波長が700nm(赤)から400nm（紫）に及ぶ目に見える可視光線の成分が重ね合わさってできあがっている。紫よりも波長の短い領域に、肉眼では見えない紫外線がある。紫外線はさらに波長の範囲によって、UVA(400〜315nm)、UVB(315〜280nm)、UVC(280nm 未満）に分類される。地表に到達する紫外線の99%はUVAである。

（注16）　1985年3月22日、オゾン層の保護を目的とする国際協力のための基本的枠組みを設定する「オゾン層の保護のためのウィーン条約」と、1987年9月16日、同条約の下でオゾン層を破壊するおそれのある物質を特定し、当該物質の生産、消費および貿易を規制して人の健康および環境を保護するための「オゾン層を破壊する物質に関するモントリオール議定書」。

第6章　大気環境と地球温暖化　119

図10　酸素サイクル

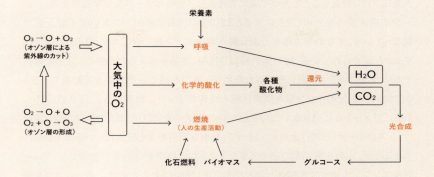

太陽の熱と光　自然の温室効果

　地球上の生命は太陽によって支えられている。地表に降り注ぐ太陽の放射エネルギー束の主要部は可視光である。そのエネルギーは、70%が地表に達し熱に変換される。その量は地球の全表面積で平均化すると1平方メートル当り240ワットであると見積られる。これを集光すると、単位面積当り大きな熱エネルギーとなることをイブン・アル＝ハイサムが『光学の書』で述べていることを先述した（26ページ参照）。残りの30%は地表から反射され成層圏から宇宙空間に放出される。これをアルベドといい、1平方メートル当り 103ワットである。陸氷や氷河は太陽光の90%を反射するが、黒っぽい陸地や海洋はそれぞれ入射太陽光の20%と10%しか反射しない。30%というのは、これらの平均値である。
　温度が上昇した地表や海面は地球大気から成層圏、宇宙に向かって、熱を赤外線として放出する。これで地球の平均気温は-19℃程になって、平衡を保つと推論される。これでは地球は、低温に強いごく限られた生命しか存在できない極寒の星となっているはずである。幸い地球大気中には、大量の水蒸気とわずかばかりの二酸化炭素がある。水蒸気は場所、時間によって変動し、赤道付近の海洋上および熱帯雨林で

は4%ほどと多く、極地および砂漠ではほとんど0%に近い。平均すると1%未満の濃度でビニールハウスのように地球を覆っている。これは地上から放出された赤外線を吸収し、その一部を再び地表に返す。こうして地球の平均気温は実際には人の住み易い+14°C程に保たれている。この差33°Cを大気による温室効果といい、水蒸気が主要な温室効果ガスとして作用している。水蒸気も水滴を形成しこれが成長して厚い雲となると、太陽からの入射光を通さなくなり、温室効果への寄与は弱くなる。むしろ「地球冷却化気体」となるので、その見積もりは難しい。

地表や海面が吸収する熱エネルギーに偏りが生ずると風が生まれ、また雨を降らせ河川となる。持続可能なエネルギーとして注目される風力、水力などの自然エネルギーも、もとを正せば地球に降り注ぐ太陽光である。特に太陽光発電と人工光合成に研究が集中しているが、太陽熱の利用の科学技術も進んでいる。世界最大級はフランス国立太陽エネルギー研究所の超大型太陽炉で、焦点位置で3000°Cを越える温度をクリーンに実現している。通常このような温度は電気炉やアーク放電で得られるが、それでは試料に炉や電極の材料が混入してしまいクリーンなプロセスとはなり難い。最も小さなエネルギーに太陽光圧がある。これは空気分子がたくさんある地上では実証し難いが、衝突してくる分子の圧力が少ない宇宙空間では貴重なエネルギー源となることが実証されており、応用に供される技術とまでなっている。

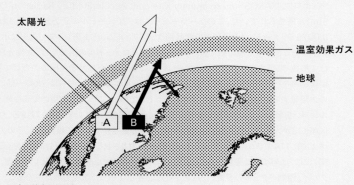

図11　地球に降り注ぐ太陽光

A：白い地表での反射
B：地表の黒っぽい部分での吸収と赤外線の放出

第6章　大気環境と地球温暖化

フランス国立太陽エネルギー研究所の大型太陽炉。直径は50メートル。

> **COLUMN** 太陽光圧の利用
>
> 　夏目漱石の小説『三四郎』に、光線の圧力を測定する実験の話が出てくる。文学作品ながら描写は具体的で、それは教え子である物理学者の寺田寅彦から一度聞いた話をもとにしたものだという。1905年にアインシュタインの光量子仮説が発表され、その3年後に『三四郎』は刊行された。漱石は科学に興味をもち、また理解もしていた。
>
> 　光を受ける物体の表面には微弱ながら圧力が働き、これを光圧という。地球の位置での太陽光圧は光が吸収される場合、4.6×10^{-6} Paとなり、放射が完全に反射される場合にはその2倍となる。このような微弱な圧力を、大気圧（1.013×10^5 Pa）の下で測定するのは難しいので、真空中で行われる。
>
> 　わが国の宇宙航空研究開発機構（略称JAXA）は、2010年5月21日に金星探査機「あかつき」の打ち上げに成功したが、これには小型ソーラー電力セイル実証機（略称イカロス、IKAROS=Interplanetary Kite-craft Accelerated by Radiation Of the Sun）が搭載されていた。このソーラーセイルは、20メートルの正方形で、厚さわずか0.0075ミリメートル（台所にある食品用ラップフィルムよりも薄い）でも丈夫なポリイミド樹脂でできた超薄膜の帆で、地球から770万キロメートルの所で広げ、太陽光圧を受けて加速・航行できる宇宙グライダー・ヨットである。ただし太陽光圧の力だけで推進・姿勢制御を行うのは難しいと計算されたので、不足するエネルギーは、帆の一部に薄膜の太陽電池を貼り付けて発電を同時に行うことで補い、この電力を用いて高性能イオンエンジンを駆動して、効率的で柔軟なミッションを可能としている。同年7月9日、ついにIKAROSが太陽光圧による加速を行っていることを世界で初めて確認した。その力は地球上で0.114グラムの重りがぶら下った程度の力とされる。12月8日16時39分（日本時間）には、IKAROSは金星から8万800キロメートルの地点を通過するという金星スイングバイ（運動ベクトルの変更）を成功させた。6年以上経った現在も飛行中である。

温室効果ガス(二酸化炭素)とは

　人の呼気の中では4%ぐらいにまで増える二酸化炭素は、大気中では薄められ、産業革命以前は0.028%あり、ほぼ一定に保たれていた。火山の噴火や森林火災などで増えはするものの、多くは河川や海に溶けて炭酸となり、海中の植物プランクトンや原生林の植物による光合成の活性化で消費される。少し環境が変わっても、再び大気中に戻ることができる。こうしてその割合はほぼ一定に保たれてきたが、産業革命以来、石炭を盛んに燃やすことで、二酸化炭素の仲間が次第に増えていった。20世紀の後半からは、石油や天然ガスを燃やすことでその割合はさらに増え、二酸化炭素の濃度は2016年にはついに初めて0.040 %に達した。これは水蒸気に次ぐ温室効果を発揮している。

　そもそも大気中の分子の熱輻射が地球を温めていること(温室効果ガスによる地球温暖化)にはじめて目を付けたのは、1827年、フランスの数学者で熱科学者でもあったジョゼフ・フーリエであった。高校数学で出てくるフーリエ級数をはじめて導入した人である。その後、イギリスの熱放射学者ジョン・ティンダルが、大気中にもともとある、または産業で大気中に放出されると考えられるさまざまなガスや蒸気について、太陽光および赤外線の吸収・反射係数の測定を行い、地球に熱を閉じ込めるガスとして、水蒸気と二酸化炭素を特定した。さらに1896年、スウェーデンの科学者スヴァンテ・アレニウスは、これらの研究に注目して、大気中に二酸化炭素分子が増えたらどうなるかを懸念し、「大気中の二酸化炭素の量が幾何級数的経過で増加したとすると、大気温度は代数的に上昇する」という規則を見出した。これはピッツバーグのアレゲニー天文台での赤外線観測におけるサミュエル・ラングレーとフランク・ワシントン・ヴェリーの観測データ、熱吸収係数、熱平衡を使った、統計的で膨大な計算をもとにしている。しかし、当時の石炭消費量年間5億トン(CO_2で13億トンか)ならば、海洋に吸収されるのでそれほど心配する必要はないと結論した。二酸化炭素は水に溶けると炭酸となり、これはカルシウムイオンがあると炭酸カルシウムとなって沈殿するので、海中に大気中の60倍溶ける。

スヴァンテ・アレニウス
(1859〜1927年)

　ところが米国のロジャー・レヴェルとチャールズ・キーリングの見解は異なる。二人は、空気が最も汚染され

ていないと思われるハワイのマウナ・ロア山頂と南極で、二酸化炭素濃度の計測を1958年から継続的に行っており、二酸化炭素濃度の増大に関して、「赤外線を吸収して再放出する能力をもつ気体が大気中に急増している。このままでは、われわれ人間の生活にはさまざまな問題が起こり得る」と警告を発している（図10）。

図12　マウナ・ロア山で観測された1958～2015年の月平均大気中二酸化炭素濃度の変化

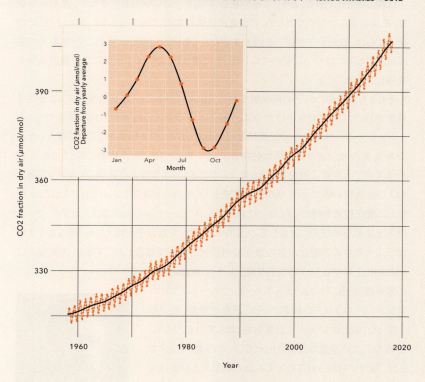

二酸化炭素の海中への溶解

　二酸化炭素は海水中によく溶ける。水温が高くなると溶解度は減少するが、海水と反応し、二酸化炭素（気体）、炭酸水素イオン（HCO_3^-）、炭酸イオン（CO_3^-）が㉝のような平衡関係を保っている。海水は表面でpH8.2、深くなると7.7程度と弱塩基性を帯びているので、弱酸性の二酸化炭素は溶け込みやすく、海面近く（15℃）では、CO_2：HCO_3^-：CO_3^- ＝ 0.5:89:10.5の割合となっている。理想気体（圧力が温度と密度に比例する、ボイル＝シャルルの法則に従う仮想的な気体）とはほど遠く、ヘンリーの法則（一定の温度において一定量の溶媒に溶けることができる気体の物質量はその気体の圧力に比例する）は成り立たない。

㉟　$CO_2 + H_2O \ \rightleftarrows \ H_2CO_3$

　　$H^+ + HCO_3 \ \rightleftarrows \ 2H + CO_3^{2-}$

　海水中にはさまざまな金属イオンがあり、炭酸塩形成はきわめて有利というわけではないが、Ca^{2+}イオンが存在して炭酸カルシウム$CaCO_3$のように難溶性の塩が生成する場合には、沈殿が生じて海水の平衡系の外に出るので、二酸化炭素の海水中への溶解が進行する。この種の難溶性炭酸塩には、Cd^{2+}、Co^{2+}、Cu^{2+}、Fe^{2+}、Ni^{2+}、Zn^{2+}、Be^{2+}がある。二酸化炭素の濃度が高くなり、pH7.1となると、再び逆反応で溶解が進む。

㊱　$Ca^{2+} + 2HCO_3^- \ \rightarrow \ CaCO_3（石灰岩）+ CO_2 + H_2O$

　　$（CaCO_3）+ H_2O + CO_2 \ = \ Ca^{2+} + 2HCO_3^-$

　また炭酸になると、分子の中に3個ある酸素原子のどれが二酸化炭素から来て、どれが水から来たか区別できなくなる。したがって平衡反応により、二酸化炭素にあった酸素が水の酸素へと移り、空気中の水蒸気として戻ってくることができる（化学式㊲）。

㊲　$O{=}C{=}O + H_2O \ \rightleftarrows \ H^+ + \left[\begin{matrix} O \\ | \\ CH \\ \diagup \ \diagdown \\ O \quad O \end{matrix} \right]^- \ \rightleftarrows \ O{=}C{=}O + H_2O$

第6章　大気環境と地球温暖化　125

COLUMN 宮沢賢治が着目した温室効果

　宮沢賢治は二酸化炭素の温室効果に最初に関心を寄せた日本人の一人である。亡くなる前の年1932年に発表した『グスコーブドリの伝記』において、火山から噴出するCO_2を増やして地球を意図的に温暖化し、冷害に苦しめられている農民を救おうという斬新なアイデアを生み出した。そして、主人公が勉学を積んで火山技師となり、自ら犠牲となって火山を人工的に噴火させるというストーリーを展開している。少し登場人物達の会話を引用させて頂こう。

宮沢賢治（1896〜1933年）
写真提供 林風舎

グスコーブドリ「先生、気層の中に炭酸瓦斯（ガス）（CO_2のこと）が増えてくれば温かくなるのですか」。
クーボー大博士「それはなるだろう。地球ができてからいままでの気温は、大抵空気中の炭酸瓦斯の量で決まっていたといわれる位だからね」。
グスコー「カルボナード火山島がいま爆発すれば、この気候を変える位の炭酸瓦斯を噴くでしょうか」。
クーボー「それは僕も計算した。あれがいま爆発すれば、瓦斯はすぐ大循環の上層の風にまじって地球ぜんたいを包むだろう。そうして下層の空気や地表からの熱の放射を防ぎ、地球全体を平均で五度位温かにするだろうと思う」。

　1991年フィリピンのルソン島の西側にあるピナトゥボ山が20世紀最大規模の大噴火を引き起こし、大量の大気エアロゾル粒子が大気圏および成層圏に放出された。全球規模の硫酸エアロゾル層は何カ月も残留した。これにより地球の気温が約0.5℃下がり、オゾン層の破壊も進んだ。このように現在では、火山の噴火は、CO_2と同時に吹き出す硫酸系エアロゾルによって、太陽光線が地表に届くのを妨げるため、全体としてはかえって気温は下がることが観測され、また通説ともなっており、よほど特殊な火山噴火でなければ、気温上昇にはつながらない。

　二酸化炭素のほかにも、メタン、一酸化二窒素（N_2O）、ハイドロフルオロカーボン類、パーフルオロカーボン類、六フッ化硫黄（SF_6）の5種類のガスが温室効果ガスとなり、地球温暖化をもたらしていると考えられている。天然にある水蒸気の効果がどの程度の割合を占めるかは、科学者の間でも評価の分かれるところであるが、人間活動によって排出される上記6種の温室効果ガスによって、地球表面の平均気温（空間的時間的平均）が上昇することを、特に「地球温暖化」といって問題にしている。

地球温暖化による諸問題と国際対応（IPCCとCOP）

　大気には国境がないので、問題解決には世界が協調して取り組む必要がある。二酸化炭素排出の増大がもたらす気候変動の危険性を、一国の指導者として初めて世界に訴えたのは、時の英国首相マーガレット・サッチャーであった。マーガレット・サッチャーはオクスフォード大学で化学を学び、ノーベル化学賞受賞学者ドロシー・ホッジキンの指導を受け、抗生物質グラミシジンのX線結晶構造解析の研究で理学士の学位を得ている。1988年に国連環境計画と国連の専門機関である世界気象機関が共同で、国際的な専門家でつくる「気候変動に関する政府間パネル（Intergovernmental Panel on Climate Change、以下IPCC）を設立した。IPCCは活動の核として、5〜6年ごとにその時々の気候変化に関する科学的知見をとりまとめ、評価を行い、その結果をまとめた「IPCC評価報告書」を発表している。2014年9月に発表された第5次評価報告書を見ると、観測事実として平均気温および海水温が上昇していることは疑う余地がない。世界の人口増加、経済活動の発展、化石燃料の使用量の増加で二酸化炭素濃度が過去80万年で最高に達したことなどが原因となっており、CO_2の累積総排出量と世界平均地上気温の応答は比例関係にある。それら最新の知見を踏まえ、技術の進歩などに関する不確定要素を推測しながら、さまざまなシナリオについて試算を行い、今世紀末までの予測がされているが、それは「世界平均地上気温の上昇は0.3〜4.8℃である可能性が高い」「世界平均海面水位の上昇は0.26〜0.82メートルである可能性が高い」となっている。また、地球温暖化がさらに進むと、極端な気象現象が起きる可能性が増大し、次のような数々の影響がでてくることが懸念される。

1）海水中に溶けている二酸化炭素の溶解度が減り大気中に出てきて、大気中の二酸化炭素濃度の上昇が加速される。

2）海水上層部の酸性化が進む（現在pH 8.2から7.8ほどになる）。

3）海水位上昇による沿岸域の水没、洪水・高潮による被害の増大。

4）メキシコ湾流の停滞による高緯度ヨーロッパなどの寒冷化。

5）特に夏季の気温上昇、熱帯低気圧の発生頻度と規模の増大、淡水不足、水害の発生。わが国では、社会資本（インフラ）整備に向けて投資する公共事業が積極的に行われているが、道路の新設・河川管理・土地開発等について、極端な気象

に由来する風水害に耐える一層強い、より安全な指針・計画（さしずめ新日本列島改造論とでもいえようか）を策定する必要に迫られている。

6）緑地の後退、砂漠化の進行、植生の変化、農水産業への悪影響。

7）高緯度地域への害虫の広がり、絶滅種の増加。

8）光化学オキシダント濃度の増大をはじめとする公害問題の広がり。

9）人の健康への悪影響。具体的には呼吸器疾患の増加、熱波と熱中症の発生、熱帯性伝染病（マラリア、西ナイル熱（脳炎）など）発生地帯の拡大と病死者の増加。細菌学者の野口英世は、アフリカや中南米で流行し多くの人命を奪っていた黄熱病の病原体の研究で世界的に知られる。この病気を媒介するシマ蚊が東京でも発生し、デング熱を発症させたことは記憶に新しい。

　これらは、単なる予測からその兆候が認められるものまでさまざまであり、22世紀までに、現在より5℃高くなるとする最悪に近いシナリオでは、さまざまな経済リスクをもたらすと懸念される。そこで、世界各国の政策決定者に早急な対応を促している。

　IPCCの評価報告書を受けて、温室効果ガス排出規制に関する国際的な合意形成を主な目的とした国際会議に、気候変動枠組条約締約国会議がある。その第3回（COP3と略称される）が、1997年12月に国立京都国際会館で開催された。この会議において、先進国における二酸化炭素をはじめとする上記6種の温室効果ガスの削減を目指して、1990年を基準として削減する目標を各国別に定め、2008年から2012年までの期間中に、共同で少なくとも年平均で5%削減することが採択された。しかしながら、この京都議定書の削減目標達成には、多くの国がほど遠い現状であった。発展途上国は今日、二酸化炭素濃度が高いのは先進国の責任であり、発展途上国は先進国に追いつくまでは制限を付けられるべきでないと主張し、両者の意見の隔たりも解決を困難にしていた。

　二酸化炭素は、年間炭素換算（注17）で92億トン排出されており、このうち52億トンは植物および海洋が吸収すると期待されるので、残りの40億トン（二酸化炭素にして148億トン）が大気中に溜まってきている。

　この現実を踏まえて、2015年パリで開催されたCOP21では、150カ国の首脳が集い、「パリ協定」を採択した。その内容は、国際社会が目指す脱炭素化社会像を画き、それに向かう長期のビジョンを明確に設定した所にある。わが国は2030年までの削減目

標を、再生可能エネルギー（注18）22〜24％、原子力20〜22％で達成しようとしているが、前者によるエネルギー自立国家を目指すことが望まれる。インドの例では、現在消費電力の61％を石炭に頼っているが、7年以内に全エネルギーの10％以上、2030年には25％以上を太陽光発電でまかなおうとして、必要なインフラ整備に着手している。排出ガス全体のあわせて40％を占める米国と中国がそれぞれ批准に漕ぎ着けているのは大きい。わが国は2020年までに削減目標の更新・提出が求められている。

　オゾン層破壊ガスの削減に対しては世界的合意が得られ、一定の成果を上げているのに対して、二酸化炭素ではなぜ国際協調に時間がかかっているのであろうか。それには少なくとも2つの理由がある。まずフロンの用途はどちらかといえば限定的で、製造している産業は限られており、代替品が順次開発されてきた。それに対して二酸化炭素は、化石燃料の燃焼による電力等のエネルギー源と密接に結びついており、各種産業から人々の日常生活にまで広範にわたってその活発な生産と豊かな生活と密接に関係している（81ページ　化学式⑳）。化石燃料を燃やす以外の自然エネルギーや原子力が代替えとなるが、これらの量はまだ一定枠に止まっている。

（注17）　炭素換算量は、カーボンフットプリント（炭素の足跡）として捉える。これは人間活動によって、温室効果ガスである二酸化炭素が排出され、地球環境が踏みにじられる足跡という意味で、個人や企業単位で使用および生産する商品などに当てはめ、t-CO2eq（二酸化炭素換算トン）という単位で表す。環境への意識の強化を狙っている。化石燃料は純度が100％に満たない石炭や炭化水素の天然ガスが燃焼すると二酸化炭素に変わる。炭素が物質として形態を変えても、物質の流れを統一的に理解するために、炭素換算量を用いることがある。12グラムの炭素が32グラムの酸素で燃えて、44グラムの二酸化炭素になるので、1キログラムの二酸化炭素は、273グラムの炭素に相当すると考える。

（注18）　化石燃料を燃やす最大の用途は、熱を経由して発電を行うことである。これは原料を消費し必然的に二酸化炭素を出すエネルギーの獲得法である。それに対して一度利用しても比較的短期間に再生が可能であり、資源が枯渇せず、二酸化炭素を出さないエネルギー源を再生可能エネルギーという。具体的には、太陽光、太陽熱、風力、水力、波力・潮力、海流・潮汐、地熱、バイオマスなどの自然エネルギーを指す。2015年現在の各国の全発電量に占める割合には大差があり、スウェーデン73％、デンマーク55％、ドイツ32％、中国25％、日本14％となっている。

図13　大気中の二酸化炭素の年間増加量

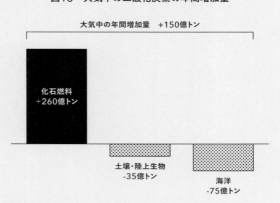

表5　京都議定書とパリ協定の概要の比較

	京都議定書（COP3）	パリ協定（COP21）
採択・発効年	1997	2015・2016年11月4日
対象国・地域	38	196
目的	温室効果ガスの濃度の安定化。1990年に比べて共同で少なくとも年平均で5%削減する	世界の全球平均気温上昇を、産業革命前（1750年）の温度+2℃未満（できるだけ1.5℃以内）に抑える[*1]
長期目標		温室効果ガスの排出量を、できるだけ早く減少に転じさせ、今世紀後半に生態系が吸収できる範囲に収める[*2]
各国の削減目標	国際交渉で決め、達成できなければ罰則	各国自らが作成、提出の義務を負う。達成義務は設けない。検証の仕組みを研究する
日本の削減目標	2008年までの第一約束期間は1990年比6%削減	2030年までに2013年比26%削減
目標の見直し	2008〜13年と20年までの2期	5年ごとの目標の見直しを行い、より高い目標を掲げる
発展途上国の扱い	先進国に追いつくまでは制限を付けられるべきでないと主張し対立	支援を必要とする国への先進国の資金援助。損失と被害への救済

*1この基準を用いると、2016年すでに+1℃に上昇しており、余す所はわずかである。
*2現在の対応では、大気中の二酸化炭素の滞留濃度0.04%以下に減少させることはできない。

6-2 二酸化炭素濃度を減少させる試み
原子力発電の事故は防げたか

　大気中への二酸化炭素の放出は91％が化石燃料の燃焼とセメント工業によって、9％が森林伐採およびその他の土地利用の変化によってもたらされている。一方、その二酸化炭素の45％は大気中に放出され、29％が地上の植物に吸収され、27％が海洋に吸収されている。

発生源で絶つ

　日本に1400カ所ほどある火力発電所では、化石燃料を燃やし、その熱で水蒸気を発生させ、タービンをまわしている。2013年の総発電量に占める化石燃料の割合は、天然ガス43％、石炭30％、石油等15％である。また石炭製鉄溶鉱炉やセメント工場での二酸化炭素は81ページ⑳式と44ページの⑨式で表わされることを見てきた。この発生源で物理的または化学的に二酸化炭素を捉え、ドライアイスの塊にするとか、塩基と反応させ固体の塩を形成させるなどして、深海、地層中や廃鉱などに貯留する方策が国内外で検討されている。

森林神話を生かすために

　地球は平均すると陸地の31.1％が森林に覆われている。大気中の二酸化炭素濃度を減少させるには、緑地を増やすことが最善であるということが「常識」になっている。確かに、35億年前植物がなかった頃の地球大気が、窒素と30％を越えるCO_2、0％のO_2から成り立っていたのに対し、植物が繁茂した今日の大気は0.040％のCO_2と21％のO_2から成り立っていることを考えると、この常識は疑う余地がないように思える。そうして、先進国資本による熱帯雨林の伐採が加速度的に進んでいること、発展途上国の一部で焼き畑農業が今でも行われていることなどに人々は危機感を募らせる。

　しかしながら、地球大気中にもともとあった二酸化炭素のかなりの部分は、海洋に溶け水成岩などになり固定化されたものである。また地中深く埋没され、化石燃料となった。植物による二酸化炭素の吸収は、ゆっくり30億年かけて達成されたものなの

第6章　大気環境と地球温暖化　131

である。50年〜100年といったスパンの植林で緑を増やそうという議論がどれほど有効なのか、一度検証しておく必要があろう。

ライフサイクルアセスメントの考えに基づいた次の科学的事実を忘れてはならない。

1) 地球上1年間に、植物は光合成で1120億トンの二酸化炭素を吸収する。一方で、植物自身の呼吸により約半分の600億トンを放出する。差し引き520億トンの吸収である。

2) この間、吸収した二酸化炭素は、グルコースやそのポリマーであるデンプン、セルロース、リグニンなどに変換されて植物に蓄えられ、生育に使われ、いわゆる植物バイオマスが生産される。

3) 草木は枯れて倒れ朽ちると、土壌微生物の作用で分解し、500億トンの二酸化炭素を生成する。さらに伐採で16億トンが加わり、草木と土のトータルで、二酸化炭素の収支はほぼゼロとなる。石炭紀に地中深くまた微生物が作用しない環境に隔絶され、地殻変動で高温高圧に曝され化石燃料となった。このような条件では、二酸化炭素は生成しない。

4) 木材もパルプや廃材となると、いずれは焼却され、二酸化炭素が出るかたちで処分される。一本の草木の一生をみると、二酸化炭素の増減に無関係である。植林はそのまま大気中の二酸化炭素の減少に貢献するという「神話」には注意しなければならない。

5) 樹木の一生では、成長期の二酸化炭素吸収が最も盛んである。成熟すると吸収は低下し、死に至ると今度は二酸化炭素を放出する。一定面積の森林を考えると、生まれる樹木も枯れていく樹木も最終的には同数なので、二酸化炭素の吸収・放出が差し引きゼロである。

結論として、成長期から壮年期に木材の伐採を行い、その後に新しく若木や苗を植えるのが良い方法であるということである。持続可能な森林管理で林野を常に再生し、伐採・開墾された緑地面積とできればプラスアルファの植林を行い、数百年・数千年の尺度で常に緑を増やし続けることが唯一の解であろう。楽観的ではないが、この「常識」まで否定されたわけではない。木材製造技術の開発（例えば構造用材料のCLTなど）や、セルロース・ナノファイバーを含む新素材の発見などが、生育した木材

を積極的伐採し植林サイクルを保つ原動力となることが期待される。また、他の資源の採取や化石燃料の燃焼をはじめとする従来のエネルギー取得が、まるまる二酸化炭素の放出なのに対して、木材・バイオマスは二酸化炭素の吸収・放出が悪くても差し引きゼロで、しかも二酸化炭素の放出までに時間を稼ぐことができ、かつこの間、人の生活を豊かにしているという点で見ると、やはり高く評価されねばならない。

原子力発電と燃料電池

2011年3月11日、設計時の予測を超えた強い地震と高い津波が起こり、東京電力福島第一原子力発電所の施設に壊滅的な被害をもたらした。一定の沈静化後いくつかの事故調査委員会による慎重な分析と真摯な検討が行われた。冷却水用ポンプの電源が停止し原子炉がメルトダウンしたのに加えて、原子炉の核燃料棒被覆管に使われているジルコニウム合金が高熱水と反応して破損し水素を発生し、これが建家の天井に溜まり、爆発して放射性物質を広範囲に飛散させたと考えられる。わが国において原子力は全発電の約30%を担ってきた。今日でも自然エネルギー発電は供給が不安定で基幹電力に向かないと判断して、二酸化炭素を出さない方法でこれを補うのに、全発電量の22〜24%を当面原子力発電に頼ることとしている。

国民が目にしてきて抱いたのは、原子力発電技術の完成度が思いのほか低いという憤りである。福井県敦賀市にある日本原子力研究開発機構の高速中性子型増殖炉もんじゅでは、ナトリウム冷却法をとっており、1995年に金属ナトリウムが漏洩し火災を起こした。福島と同じような事故があったら、水との反応で大爆発を起こしていただろう。ナトリウムは1族の、ジルコニウムは4族の元素であり、確かに中性子を捕捉しにくいメリットはあるかもしれないが、水によって容易に酸化され、水素を放出する94ページ㉒式の酸素が金属M（M ＝ NaまたはZr）に捉えられると見ることができる）。ジルコニウムは低温では安定であるが、100℃以上になるとこの反応が加速される。核燃料棒用合金でも850℃では水素を生じ始めることが知られている。そうやって発生した水素は空気中4〜75%溜まると静電気程度のエネルギーで着火・爆発を起こす可能性を持つ。

$$㊳ \quad M + H_2O \quad → \quad H_2 + MO \qquad M = Na, Zr$$

ところで、水素は燃料電池自動車が示すように、やがて水素社会の基幹技術の主役となるとみなされている。これは水素と酸素を使って水の電気分解の逆反応で直接電気エネルギーを得ようとするものである。触媒が負極（燃料極）で水素を原子状に解離させ、続いてプロトン（水素 陽イオン）と電子に解離するのを助ける。

$$\text{燃料極：} \quad 2H_2 \xrightarrow{\text{触媒}} 4H^+ + 4e^-$$

　プロトンは電解質膜を通り抜けて正極（空気極、表面積を増やすために、多孔質にしたガス拡散電極）に来ると、回路を通って仕事をするという遠回りしてきた電子に会って再結合し、同時に空気中の酸素と化学反応を起こし水となる。

$$\text{空気極：} \quad O_2 + 4H^+ + 4e^- \rightarrow 2H_2O$$

　ここで使う水素の製造過程で、今主流となっている電気などのエネルギーを使い二酸化炭素を出してしまうと意味がない。実際はハーバー・ボッシュ法のアンモニア合成のところ（101ページ）で述べたように、化石燃料が水蒸気と反応する水蒸気改質と、二段階の水性ガスシフト反応を用いて作られており、これに必要な熱エネルギーは再生可能エネルギーを使うこととすれば、二酸化炭素の抑制につながる。

図14　リチウムイオン電池

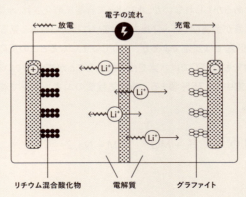

水素燃料電池で水素を制御して燃やすに必要な触媒には、白金系をはじめとして
さまざまな触媒が研究開発され、使用されている。したがって、いくら想定外とはいえ
2011年当時でも、原子力発電所の建屋内で水素濃度をモニターし、緊急時には窒素
を充満させるとか天井などどこか適切なところに水素を分解する触媒を配置しておく
準備があれば、福島第一での水素爆発は防げたのではなかろうか。使用済み核燃料
の中間貯蔵・最終処理・保管をどうするかという問題とともに、今後は完成度を向上さ
せる技術の開発と導入が期待される。

　人類にとっての不幸は、原子力が平和利用よりも爆弾として先に使われたという事
実であり、わが国にとっての不幸は、広島と長崎が最初の原爆使用の被害地であった
ということである。もしこれらがなかったならば、わが国の原子力工学は高い技術と安
全性をもって独自の発展を遂げたはずである。国民と科学者、技術者、行政にアレル
ギー反応があり、原子力発電に真剣でオープンに取り組む姿勢が育ちにくかった。福
島第一原発1号機は、1960年代に開発されたアメリカのGE社製マーク1型である。

　そもそも地球上で核分裂を扱う科学技術には無理があると考えるかもしれないが、
神を恐れぬ人工的な技なのではない。地球内部で発生する熱の45〜85 ％は、地球
の深部地殻に含まれる天然放射性元素が崩壊する時の熱に由来する。地熱の元、マ
ントルの熱源は、福島で技術者たちが冷却により制御しようとしている「使用済み核
燃料の発熱」と同じなのである。原子炉で使われているウラン-235の自律的な核分
裂の連鎖反応でさえ、中部アフリカのガボン共和国のオクロ鉱床で、20億年ほど前に
約60万年もの長い間継続して起こっていたということが、鉱物試料中のキセノンガス
の同位体分析によって1972年に証明されている（注19）。

　日本列島は、地球を覆っている十数枚のプレートのうち4枚のプレートの衝突部に
あって、世界的にも活発な海洋プレートの沈み込みゾーンの先端に位置している。すな
わち北米プレートとユーラシアプレートの2つの大陸地殻にまたがり、さらに太平洋プ
レートあるいはフィリピン海プレートの沈み込みによって2方向から強く圧縮されてい
る。この地盤が不安定で地震の多いわが国において、原子力発電所の安全性および
使用済み核燃料の地殻保存の場所を選定するのは容易ではなかろう。特にフィンラン
ドのオンカロのような、高レベル放射性廃棄物を半永久的に地中に埋める岩盤に囲ま
れた最終処分場の建設が、わが国で可能かどうか、真剣な検討は先延ばしできない。

　当面自然エネルギーの実用化を進めることを一義的に、二酸化炭素を出しながら

第6章　大気環境と地球温暖化　　135

も石炭を燃やす技術の性能向上を図りながら、エネルギー需要に答えていかなければならない。

COLUMN 超高容量のリチウム空気電池とは

　燃料電池の燃料極のところに金属、例えばリチウムを用い、下記の組み合わせの電池を作ると、優れた蓄電池ができる。これをリチウム空気電池と呼ぶ。

　放電の際には、リチウムイオンは電解質膜を通り抜けて正極（空気極）に来ると、回路を通って仕事をし、遠回りしてきた電子に会って再結合すると同時に、空気中の酸素と化学反応を起こし過酸化リチウムとなる。

$$放電$$

$$金属極：\quad Li \rightarrow Li+ + e-$$

$$空気極：\quad O_2 + Li+ + e- \rightarrow Li_2O_2 \quad （固体）$$

　充電の際には、過酸化リチウムがO_2発生分解反応でリチウムイオンに戻り、後者は電解質膜を通り抜けて正極（金属極）でLiを再生する。

$$充電：\quad Li_2O + e- \rightarrow Li + O_2$$

　現在これは小さなボタン電池として、補聴器などに使われている。スマホなどでは現在、電解質として有機溶媒に溶かしたリチウム塩を用いたバッテリーを使っており、不具合が生ずると火災を生ずることがある。その対策のためにも、固体電解質を用いた、大容量の蓄電池の開発が盛んに行われている。

（注19）　1956年、米国アーカンソー大学の黒田和夫はウラン鉱物の安定性の研究の中で、天然に核分裂連鎖反応が自律的に起こる環境が地球上に存在したかもしれないという予言を世界で初めて行っていた。また、20億年程前というのは、地球上で光合成により酸素が溜まり始めた時期と一致し、ウラン元素が酸素と結合し、水溶性のウラニル化合物ができて移動が可能となったためではないかと考えられている。

二酸化炭素を出さないエネルギー獲得技術
– 再生可能エネルギーと地球工学

　太陽光、太陽熱、風力（7章で述べる）、水力、波力・潮力、海流・潮汐、地熱、バイオマスなど自然の力で常に得られるエネルギー資源を利用する方法はすでに世界各地で始まっているが、それらの効率を高める工夫が盛んに行なわれている。これ以外にも、温室効果ガスの生産による地球気候の温暖化を人の手で食い止めようとする地球規模の実験がいくつか提案されており、これらは地球工学と呼ばれる。

　海洋にパイプを立て、冷深層水と暖表層水の混合を促進させる。これによってハリケーンの発生を減らそうとする天候操作が計画されている。

①生物学的方法

　植物プランクトンの育成によって海洋食物連鎖と二酸化炭素の吸収が進行することに着眼し、米国の海洋学者ジョン・マーチンは、1980年代後半に「これを人工的に行い、大気中の二酸化炭素の大規模な捕捉を促せば、しばらくして大部分の植物プランクトンが死滅する際に、捕捉した二酸化炭素ともども海底に沈降し、大気中の二酸化炭素の有効な隔離につながる」という説を提唱した。1991年に爆発したフィリピンのピナトゥボ火山の噴火の後の北半球の平均気温の低下が、大気中へのエアロゾルの排出であることを先に述べた（126ページ参照）。これに加えて、4万トンの鉄分を含む火山灰が海洋にばらまかれたと推測され、これによって海洋性植物プランクトンが増殖し、一時的に大気中の二酸化炭素濃度が減り、酸素濃度が増加したという観測が説明できるとされ、マーチンの学説を支持する声が強まった。その後、世界中でさまざまな実験が開始された。2009年南西大西洋で行われたドイツとインドの共同プロジェクトLOHAFEXは、鉄塩を0.5〜1ミリメートルの微粒子として外洋に散布したものであり、一定の成果を上げたが、環境保護団体の抗議にあい、中断されている。

②太陽からの入射光の操作

　火山噴火で成層圏のエアロゾルが増えると地表の温度が下がることが経験的に知られている。そこで、人為的に成層圏に硫酸のエアロゾルを注入し、大気圏への太陽入射光を減らす方法が考えられている。ただし成層圏で生成される硫酸がオゾン層を破壊するので、石灰石の粉末を大規模に散布し、光を散乱させる方法等が提案され、

第6章　大気環境と地球温暖化　　137

屋外実験が行われ始めている。

③アルベドの活用

　北極海の氷の減少を防いでアルベドを増やし、永久凍土からメタンが放出するのを防ぐ。

④海洋の熱輸送

　海洋にパイプを立て、冷深層水と暖表層水の混合を促進させる。これによってハリケーンの発生を減らそうとする天候操作が計画されている。

⑤ 電力供給の多様化 ── スマートグリッド

　米国で2003年、ニューヨーク州で起きた脆弱な送配電網による大停電が契機となり、その改修に際して、供給者と需要者の間をデジタル通信線によって結び、円滑に計画的に電力を供給する方策が模索されるようになった。さらに、家庭の太陽光発電、地域の風力発電、小水力発電、波力・潮力発電、バイオ燃料発電と再生可能エネルギーからの電力供給が地理的にも多様化してきた。デジタル機器による通信能力や演算能力を活用して、電力需給を自律的に調整する機能を開発運用すること、並びにこれにより省エネとコスト削減及び信頼性と透明性の向上を目指すことをスマートグリッドという。わが国では、直流送電、超伝導送電ケーブル、NAS電池のような大規模蓄電池システムを基幹技術と位置づけ、これらの開発を総合的に推進しようというロードマップが描かれている。ヨーロッパや北米では、電力系統が国境を越えるというのはごく当たり前になっており、自然エネルギー財団はアジアスーパーグリッド構想を提唱している。

6-3 | 二酸化炭素を資源にする
化学の力と新たな技術で課題を解決する

　重要なエネルギー資源の一つである石炭は、3億年ほど前の植物が完全に腐敗分解する前に地中に埋もれ、そこで地殻変動による高温高圧の環境に曝され、泥炭、亜炭等を経て生成した。見方を変えれば植物化石でもあるので化石燃料と呼ばれる。さらにもとを辿れば、大気中に高濃度に存在した二酸化炭素の光合成で成長した植物であるので、二酸化炭素が資源であったと考えてもおかしくない。

　人類は20世紀の早いうちに、大気中に豊富にある窒素を資源として窒素肥料を製造し、食料増産を可能とした。穀物生産量には顕著な伸びがあり、その結果、20世紀初頭に16億人であった世界の人口は世紀末には60億人へと、爆発的な増加を起こした。21世紀は、地球温暖化の元凶の一つとされる二酸化炭素を再び資源化する技術開発に期待が寄せられている。

1　人工光合成

　それにしても増えたとは言え大気中に0.04%、窒素の約二千分の一という薄い濃度にしか存在しない二酸化炭素を資源とするには、まずこれを行っている植物に学ぶ必要がある。5章2節（107〜110ページ）で述べたように、植物は藻類、プランクトンを含めて、光合成を行い、そこでは葉緑素またはクロロフィルという色素タンパク質が太陽光を吸収し、電子が励起され、そこからプロトンと電子の電荷の分離が起こり、それぞれ酸化還元反応を進行させる化学エネルギーへと変換される。負電荷は補酵素を還元して二酸化炭素を還元していく。正電荷は水を酸化し酸素分子を放出する。植物はこのようにエネルギーと物質の変換をできるだけ効率よく行うために、薄い濃度のCO_2を使って一見わざと複雑な経路を使って対応するように進化してきている。光合成の反応として生じる代表的な炭素固定反応にカルビン回路があるが、その初めの方に「ルビスコ」と略称される酵素タンパクがある。CO_2を生体内に取り込む重要な位置を占めるが、この酵素は他の触媒作用を兼ね備えており、効率・基質選択性は

第6章　大気環境と地球温暖化　**139**

必ずしも高くない。この植物の生物触媒を改良する半人工光合成がまず上げられる。

葉緑素の代わりに人工的な金属錯体、無機半導体や有機色素を光触媒として用い、フラスコの中や工場で、水の電気分解と等価な反応を引き起こし、生成した水素を取り出し、燃料として利用しようというものである。また金属触媒を用い、この水素を二酸化炭素と反応させ、バイオ燃料やギ酸（分子量が最少のカルボン酸）などの有機化合物、炭素数2-4個のアルケン（オレフィン系炭酸水素）に変換しようとする研究も活発に進められている。

3 化学的アプローチ

二酸化炭素を還元することにより、ギ酸、ホルムアルデヒド、メタノールに変換する触媒系の探索が進んでいる。現在携帯用電子機器などに使われているリチウムイオン電池では、電解質としてリチウムイオンを溶かす有機溶媒を使っていることを6章2節で述べた。炭酸ジメチル、炭酸エチレンなどである。これらは実際に二酸化炭素を原料として合成されている。

上記はいずれも還元型の反応であるが、本多健一と藤嶋昭は、酸化チタン（TiO_2）などの半導体触媒に紫外線を当てると触媒の中で正孔と電子への電荷分離が起き、正孔は水を分解してヒドロキシラジカル（$\cdot OH$）を、電子は空気中の酸素を還元して活性酸素の一種スーパーオキサイドアニオン（$\cdot O_2^-$）を与え、これらがともに有機物を酸化するという光触媒効果を半世紀程前の1969年発見している。その後開発が進み、大気中から表面沈着したさまざまな汚染物質の除去の実用化が進められ、身の回りの製品となっている。

このように、多くの人々が関心を寄せ、若者世代が科学者や技術者となって、積極的に解決・推進すべき課題は山積している。

QUESTION 設問

（1）同じ化学物質であるオゾンに、善玉と悪玉があることを説明してください。

（2）この数年間で、大気中の二酸化炭素濃度は0.038％から0.040％に増加しています。米国国立海洋大気庁が出しているCO_2濃度カウンターやこれを整理したネット情報（https://www.co2.earth およびhttps://www.esrl.noaa.gov/gmd/ccgg/trends/）に注目してみましょう。後者のサイトでは大気中の二酸化炭素濃度を赤の点線で示し、毎年5月にピークが現れ、次第に減少し、9月、10月に極小値を取っています。ピーク同士、ミニマム同士あるいは全体平均を比べると右肩上がりであることが分かります。このデータはハワイのマウナ・ロア山頂で観測されたもので、ここが北半球に位置していることを考慮し、毎年ピークとミニマムが出現する季節変化が何を意味しているか考えましょう。

（3）通常の空気の成分組成を変えるだけで、防腐剤・防虫剤・添加物を使わない保存方法が開発されています。それは調整大気包装（modified atmosphere packaging）と呼ばれ、食品・美術品などの保存に利用され始めています。空気成分のどれをどのように調整するのでしょうか。

第6章　大気環境と地球温暖化　141

142　第6章　大気環境と地球温暖化

第7章

分子と人間

未来を見つめて

7-1 風についての最新の知識
風の効用、その光と影

　空気分子の旅は風で始まった。ここでは「風」についての新しい発見に着目して、読者のもとへの長きにわたる旅を終えたい。

　1999年、オーギュスト・ピカールの孫ベルトラン・ピカールとブライアン・ジョーンズは、ヘリウム気球と熱気球のハイブリッドであるロジェ気球に乗り、無着陸世界一周飛行に成功した。また2002年、米国人のスティーヴ・フォセットがロジェ気球により初の単独気球世界一周飛行に成功している。320時間33分という記録は、うまく偏西風に乗ると、10数日で世界一周できることを如実に示している。

　カエサルの口からでた10^{22}個の空気分子は大気中にいる10^{44}個の全空気分子に万遍なく薄められた。この本を読む君たちが今どこにいても、ひと呼吸して1ℓ弱の空気を吸うと、その10^{22}個の空気分子の中にはカエサルの呼気の中に含まれていた分子が1個はある勘定になる。

花粉や種子の散布

　植物には基本的に移動能力がない。種子にも移動能力はないので、種子の散布には何か外の力に頼らざるを得ない。そのため、それぞれの植物は、何かに頼って種子を散布するための方法を発達させてきた。顕花植物の80〜90%は、昆虫をはじめとする動物の助けを借りて、花粉の散布を行っている。残りの10〜20%は風の力を借りている。種子の一端が薄い膜状に伸びていて、空中にでると風を受けて、回転しながら飛んでゆくもの、タンポポのように果実の一端から多数の毛を生じて、これが風を捉える方法を取っているものなどがある。特に草と針葉樹に顕著であり、わが国ではスギの花粉がアレルゲンとなっており、この視点では風の影の部分に分類した方がよいかもしれない。

肥料の散布

　植物の生育には窒素、リン酸、カリウムをはじめとするさまざまな養分が必要である。その中の一つに鉄分がある。鉄は先に述べたクラーク数（113ページ参照）で4番

144　第7章　未来を見つめて

目に位置し、地球の表面付近で酸素、ケイ素、アルミニウムに次いで多い元素である。したがってその欠乏が地上で問題となることは少ない。ところが、海水中の表面では、鉄塩は溶解度が小さく、溶けておらず乏しいため、これが原因で植物が育たないケースが多々起こっている。その代表例が海洋の植物プランクトンである。大西洋東部では、砂嵐によってサハラ砂漠から大量の砂塵（3～5％の鉄分を含む）が海に運ばれると、植物プランクトンが海面を覆うほど生育することが知られ、これによって栄養素の鉄分が河川などを経て海に流入するのではなく、風が直接、遠距離に運んでいることが明らかにされた。

植物プランクトンを含む珪藻（ケイソウ）を描いたエルンスト・ヘッケルのスケッチ

自然エネルギー

　自然エネルギーの中で考えると、風力エネルギーは気まぐれで、恒常性に乏しい。しかし、風力エネルギーを人が使った歴史は古い。スリランカでは紀元前300年位にモンスーンの風力炉を作って、1200℃に到達していたようである。その他の風車や船の帆も動力源として長い歴史をもつ。風力発電

ブライスの風力発電機、1891年

は1887年スコットランドのストラスクライド大学のジェイムズ・ブライスが初めて高さ10メートルの布張りの風車でタービンを回して発電を行い、蓄電池に蓄え自宅の照明に用いた。その余剰を町の街灯を照らすのに使うことを申し出たが、「悪魔の産物」と言われ、断られたという逸話がある。

　世界風力会議（GWEC）がまとめた2016年発行の報告書（「GLOBAL WIND REPORT 2015 – ANNUAL MARKET UPDATE」）によると、2015年の世界の風力発電の設備容量は、432,883メガワット（MW、100万W）である（発電量実績ではない）。過去10年間（2006年～2015年）、毎年20％程度の増加を示している。国別で比べてみると、1位は中国145,362メガワット（33.6％）、2位はアメリカ74,471メガワット（17.2％）、3位はドイツ44,947メガワットで、日本は3,038メガワット

第7章　未来を見つめて　　145

（0.7％）で19位である。中国は石炭による火力発電量が巨大であるが、風力発電はその10％近くに成長しており、風力発電ではわが国の50倍近いのは注目に値する。

　国立研究開発法人新エネルギー・産業技術総合開発機構（NEDO）によると、わが国の風力発電は2030年までには36,200メガワットに達することを目標にしており、自然エネルギーの主力になると考えられる。発電量全体に占める再生エネルギー（水力除く）の比率を現在の約3％から30年度に15％程度に引き上げる計画である。このうちの60％以上は、洋上に設置されるウィンドファーム（集合型風力発電所）での風力発電となると予測されている。それにしても、まどろっこしく感じられる。風力エネルギー開発で先行しているEUでは、潮位および波力エネルギーの開発も目下盛んである。前者は主として海水に対する月の引力による。波は分類上区別されるが、もとはといえば風力の一種である。このように風力は自然エネルギーの中のエースである。

世界最大のイギリスのウィンドファーム（Thanet Offshore Wind Project）

風の猛威

　風のエネルギーは時には想像を絶する被害をもたらすが、また大気の流れにボーダー（境界）がないため、歓迎せざる客まで身の回りに運んできている。

　竜巻、暴風雨、熱帯低気圧（台風、ハリケーン、サイクロンなどと呼ばれる）、それに伴う大洪水、それから山火事などの大型化が各地で認められている。IPCCはこれらが地球温暖化と関係していると認めている。従来の風車型風力発電機も強風で破壊される被害が多く出ている。一方で、強風のエネルギーをできるだけ利用しようとする垂直軸型マグナス風力発電機などの開発研究も進んでいる。

酸性雨

東アジア地域は急速に経済発展を遂げている地域であり、エネルギー消費の伸びには目を見張るものがある。結果として大量の大気汚染物質が放出されており、その影響は国内だけにとどまらず、国境を越えて周辺諸国からさらには太平洋を越えて遠く北米にまで及んでいる。このような現象は長距離越境大気汚染と呼ばれる。大気汚染物質には窒素酸化物（NOx）、炭化水素（HC）、硫黄酸化物（SO_2）などのガス状物質と、硫酸エアロゾルのような細かい液滴がある。エアロゾルには、火山噴煙からくる硫酸のほかに、化石燃料の燃焼に由来する炭素性のものがあることを既に述べたが、もう一つ土壌性エアロゾルがあり、これは砂漠地帯で多く発生し、風下に影響を及ぼす。

エアロゾルのうち、粒径2.5ミリメートル以下の粒子を特にPM2.5と呼び、その大きさが人間の肺の奥にまで到達しやすい大気汚染物質であるということで最近懸念が深まっている。

いずれも地球温暖化や酸性雨などの地球環境問題と深く関わっている。性状が極めて複雑で空間的・時間的変動が大きいことから、大気環境に及ぼす影響については未知、不確実な点が多い。東アジア地域は、今後の急速な工業化に伴い、地球規模での大気環境の動向を決定する最重要地域であり、エアロゾルの大気環境影響の現象解析や対策の策定が緊急課題となっている。

中国で放出される大気汚染物質の影響を明らかにするため、日本海・東シナ海・大陸・日本の上空における航空機観測が、日中両国の研究者の共同研究として行われた。それによって、東アジア−北西太平洋地域の大気汚染物質の分布・輸送や化学変化と、それに対する気象条件の影響が明らかとなってきている。上記のガス状汚染物質とエアロゾルは、単独ではなく中国の西部で発生する黄砂が、東沿岸の工業地帯を通過する際にこれに付着し、硝酸イオン（NO_3^-）、硫酸イオン（SO_4^{2-}）となって運ばれることも知られるようになり、日本海側の地域に降る酸性雨や松枯れ病の原因の一つと考える研究者もいる。

第7章　未来を見つめて　147

表層土の風食作用と砂漠化

　降雨量が年間250ミリを下回り、蒸発量が降雨量を凌駕すると、砂漠化が進み、土壌がなく植物は育たない。原因は気候変動であったり、人間活動の影響であったりする。後者としては、土地への過放牧、過剰な取水・排水による地下水位の低下などが原因となっている。植生は絶え、表層土が風によって持ち去られ、不毛の土地となる。こうして砂漠が広がっている。

病原体

　これまでも肺ペスト菌、インフルエンザや天然痘のウイルスが患者から健常者に飛沫感染することに触れた。これらとは違って、風に乗ってまた砂塵に乗って、バクテリア、カビ、ウイルス、花粉などがもっと広範囲に長距離輸送されることが分かってきた。口蹄疫ウイルスがその例であり、2001年および2007年に英国で発生した口蹄疫の被害の広がり方の解析から、このウイルスは陸上では最大10キロメートルの範囲で風により伝播することが定説となった。また、以下の4条件が整えば、60キロメートルも運ばれたと考えられる事例もある。①多量のウイルスの排出、②海面上を穏やかな風によって運ばれるなど湿度60%以上が保たれる、③日照が弱い、④高感受性家畜が密度濃く飼われている。

　2010年、宮崎県で発生した牛および豚の口蹄疫では、黄砂に付着し、また砂粒子の内部にしみ込んでいたウイルスのDNA鑑定が行われ、口蹄疫ウイルスが黄砂に付着して輸送されることが確認され、日本に飛来している可能性が大きいことが報告されている。

　国境を越えた伝播では、感染家畜、汚染飼料・畜産物、船舶や航空機の汚染厨芥、人の衣服や靴などが従来は主役であると考えられたが、もはやこの常識だけでは済まなくなってきている。

7-2 超音波と超音速
音の媒体としての空気

　音は空気を媒体とする波であることは紀元前にアリストテレスが明らかにしていた。ただし、池のさざ波の広がりが主として横波であるのとは違って、音波は縦波である。音は15℃の空気中を毎秒340メートルの早さで伝わることはよく知られているが、風とは違って、空気分子がこの早さで音の進行方向に移動しているわけではない。音源が空気塊を押し、伝播方向に分子の密度の濃淡が生じ、これが隣から隣へと伝わる。この周波数は広い領域にわたるが、人が鼓膜の振動として耳で聞こえるのは、個人差があるがおおよそ20Hz（ヘルツ）から18kHz（キロヘルツ）までである。この領域で人は言語による意思の疎通を行い、音楽芸術を完成させた。鼓膜と内耳の構造が異なる他の動物では可聴周波数は違ってくる。

　空気がなければ音は伝わらないことは17世紀にボイルが実証しており、音の媒体として空気は重要であるが、音にとっては空気が唯一の媒体ではない。空気よりも密度の高い液体や固体の中でも音はよく伝わり、その速度は水では毎秒約1,530メートル、鉄では約5,000メートルと大きい。この問題はニュートンがはじめて1686年に取り上げ、彼の空気中の音速測定値は298m/sであった。そして、音速cは音にかかる圧力Pを音が伝わる媒体の密度ρで割ったものの平方根で与えられるとして『プリンキピア』（『自然哲学の数学的諸原理』とも表記する）の301ページに発表した。後にフランスの数学者ラプラスがもう一つ重要な項を加えて、Pの代わりに媒体の体積膨張率Kが入り、ニュートン・ラプラスの式となっている。

　最近、超音波に関心が持たれている。超音波といっても、音速が速いのではない（注20）。周波数が20kHzより高く人の耳に聞こえない音の総称である。第一次世界大戦でドイツの潜水艦に苦しめられていた連合国側のフランスで、1919年に物理学者のポール・ランジュバンが超音波振動子を開発し、それを使ったソナーや測深機が実用化された。

　この超音波を探触子から一方向または扇状に対象物に当てて、その反射音波（エコー）の濃淡、帰ってくるまでの時間などを映像化する画像検査法である。超音波は

第7章　未来を見つめて　149

骨のように固いものに当たると反射されやすく、伝播速度は骨＞筋肉＞血液＞水＞脂肪＞空気となり、総合的に臓器がよく映るので、主に医療分野で診断に広く利用されるようになっている。

　水中を伝播する超音波の民生用の例には、水中の構造物を検出するソナーがある。航海で氷山をはじめとする水中の構造物を検知し、また魚群探知等に50および200kHzという2つの周波数を組み合わせて用い、深度範囲を広げて使われている。

（**注21**）　超音速という言葉は超音波とは全く違うので混同しないように。大気中を物体が音速すなわち毎秒340メートル以上の早さで飛行することを言う。音速のこれを1Ma（マッハ）という単位で表す。

7-3 空から成層圏、宇宙空間へ
広がる分子と人の関係

空の旅

人は鳥が空を飛ぶのを見てまねをしようとした。ギリシャ神話では、イーカロスが王の不興を買って塔に幽閉された際、ロウで鳥の羽根を固めて翼をつくり、空を飛んで脱出したが、父の警告を忘れ高く飛びすぎて、太陽の熱でロウを溶かされ墜落死したとされている。18世紀の後半に入ると、大気の浮力を利用した気球が考案された。当初、移動方向は風まかせであったが、

飛行中のリリエンタール、1895年ごろ

その後、搭乗者が地形および高度によって風向きが違うのを読み、高さを調節して特定方向の風に乗り、気球で空を移動できるようになった。1891年ドイツでは、フェルディナント・フォン・ツェッペリンが外側をアルミ合金で補強し、エンジンおよびプロペラを外部に付けた硬式飛行船の開発に着手し、1900年には飛行に成功した。ドイツの飛行研究家オットー・リリエンタールは、鳥の翼に似せてつくられた主翼の中央に人間がぶら下がって飛ぶグライダーを開発し、6年間に総計2,000回以上もの滑空実験を行った。前縁が丸く後縁が尖って上に凸の形状をした厚みのある断面形状をもつ翼は、空気の抗力をあまり大きくせずに揚力を高めるために、流速の差から圧力差が生まれるというベルヌーイの定理に適っており、人間の体重を支えうるということを実証したが、自作のグライダーで墜落死した。流体力学的考察や風洞実験も行われるようになった。

図15　飛行機の翼の揚力

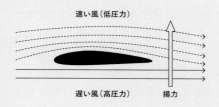

翼の周りで生じる空気の循環により、上面の空気は速く、下面は遅くなり、上面の圧力が下がり、揚力が生まれる。

第7章　未来を見つめて　151

1903年、アメリカのライト家の三男ウィルバーと四男オーヴィルが、木製の骨組みと布張りの固定翼に12馬力のガソリンエンジンで回すプロペラを付けたライトフライヤー号を作成した。強度を保ちかつ翼面積を確保するため複葉機であった。翼を捻るように操縦しながらバランスを取る工夫がされており、最初の飛行で37メートルを12秒間飛ぶことに成功した。同日4回目の飛行では、260メートルを59秒間飛んでいる。これで大空への飛行の口火が切られた。飛行速度が上がるとともに単葉機となり、1930年台にはこちらが一般的となった。その後の航空機の開発には、軍用・民間ともに目覚ましいものがあり、音速で成層圏を飛行するのが普通となり、今日の航空機産業が成り立っている。

宇宙空間への旅

　1931年5月、オーギュスト・ピカールは宇宙線やオゾンを研究するために、自らが設計した水素気球に乗って、ドイツのアウグスブルク上空16,000メートルの成層圏に達した。この気球は直径30メートルと大型のもので、地上と上空の気圧の差を巧みに利用したものであった。その後も気球に乗り続け、計27回の浮上の最高記録は23,000メートルであった。1926年米国のロバート・ゴダードは、ガソリンと液体酸素を積んだロケットエンジンを開発し、2.5秒で高度12.5メートル、飛距離56メートルというテスト飛行に初めて成功した。ライト兄弟が初の有人動力飛行に成功してから23年目である。第二次世界大戦末期には、ドイツでエタノール水溶液を液体酸素で燃焼するV2ロケットが、爆弾を搭載して初めて宇宙空間に到達し、200キロメートルの距離を飛び、ロンドン市民を恐怖に陥れた。戦争が終わると、ドイツのロケット科学技術者はアメリカと当時のソ連に引き抜かれ、冷戦下の両者の間で熾烈な宇宙開発の競争が始まった。1961年4月には、ユーリイ・アレクセーエヴィチ・ガガーリンが、宇宙船ボストーク1号で世界最初の有人宇宙飛行に成功した。そして1969年7月、アポロ11号から切り離された月着陸船に乗った米国の宇宙飛行士ニール・アームストロングとバズ・オルドリンが月面に着陸、人類は地球から384,000キロメートルある月の地面を踏んだ。

　重力は全てのものを引っ張る万有引力である。これに打ち勝ってロケットで地球から旅立つには秒速約11キロメートル以上の推進力が必要である。この重力を振り切る速度を脱出速度という。種子島宇宙センターからH-IIロケットが、打ち上げられる際のテレビ映像を見る機会が多い。周辺一帯に大きな雲状の煙が現れ、その中をぬってロケットが上昇を始め、作業の壮大さが見て取れる。この雲の正体は何だろうか。これは

152　第7章　未来を見つめて

液体酸素を酸化剤とし、液体水素をメイン・エンジンの燃焼としているロケットが生成する水蒸気に由来している。さらに、音響と熱による発射台およびその他の発射設備の損傷を防ぐために注水が行われるが、これに由来する水蒸気・湯気が加わっている。

成層圏の風

　これまで空気分子の活動範囲は地上12キロメートルくらいまでの対流圏に限られていると考えてきた。その外に成層圏、中間圏、熱圏がある。それより外を大気圏外または外気圏と呼ぶ。その境目は厳密には定義できないが、宇宙船が帰還する際に機体によって断熱圧縮され、高温になる。大気の存在が問題になってくるのは、その10倍の距離のおおよそ地上120キロメートルである。こんなところまで空気分子がいる。特別な断熱材を使っていないと燃えてしまう。国際航空連盟では地上から100キロメートルをカーマン・ライン（仮想のライン）として、宇宙空間と大気圏の境界線と定義している。

　高さ12〜50キロメートルでは薄い空気の層が層状に重なっていると思われて成層圏と命名されたが、実は薄い空気なりに混合・移動が起こっている。この風の特徴は、まず成層圏下部では対流圏上部の偏西風の影響を受け、おおむね西風が吹いている。赤道上空では対流圏と成層圏の空気交換が他の緯度よりも盛んに行われている。それでも空気が対流圏から成層圏へ輸送されるには平均5〜10年かかり、ここに紛れ込んだ空気分子は、しばらく地上の人々との接触をお休みさせられることとなる。

　成層圏上中部では、日照時間の長い極が暖められ、結果として高圧状態になる。逆に低緯度では相対的に低圧である。このため、高緯度側の高圧部から低緯度側の低圧部に向けて気圧の傾きが生じ、地球の自転に伴うコリオリの力（転向力）により、夏半球が東風になる。したがって、成層圏上中部では特別な場合を除いて、夏季は常に偏東風が吹く。また冬には逆の現象が起き、極付近では夏とは逆に一日中太陽があたらない状態なので低緯度付近と比べて低温、すなわち低圧となる。よって、低緯度から高緯度に向けて気流が生じ、コリオリの力を受けて偏西風となる。この現象は季節によって変化する風、すなわち成層圏の季節風と呼ぶことができる。この循環に加えて、夏の極上空では熱圏へ向かう上昇気流、冬の極上空では熱圏からの下降気流が起こっており、これらをまとめてブリューワー・ドブソン循環（成層圏循環）と呼んでいる。成層圏偏西風、成層圏偏東風どちらも最大風速は毎秒約50メートルである。

第7章　未来を見つめて　153

図16　地球大気と宇宙空間

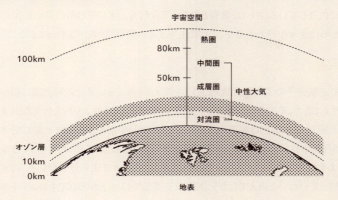

太陽風

　太陽の表面には、皆既日食の際に観測できるように、コロナと呼ばれる100万℃以上の超高温で密度の低い薄い大気がある。ここでは、気体が電子とイオンに電離したプラズマ状態になっており、太陽の重力をもってしてもつなぎ止めることができず、このコロナガスが四方八方に放出される。水素イオンが95％を占めており、残りはヘリウムとその同位体などのさまざまな高エネルギー粒子、イオンおよび電子となっている。これらの放出スピードは地球近傍では400〜500km/sほどになっており、太陽風と呼ばれる。これがまともに地球に吹き付けたら生命はひとたまりもない。幸い地球には地磁気があり、ローレンツの力によりプラズマの軌道が曲がり侵入を逸らして、彗星の場合と同じような磁気圏と呼ばれる地球磁場の勢力圏と長い尻尾が形成されている。ここまでは地球大気とは関係なさそうであるが、地磁気緯度が65〜70°の極を取り巻く帯状の地域には、プラズマが磁気圏の磁力線に沿って降り込むところがある。そうすると高度90〜300キロメートルの中間圏界面から熱圏で、高真空状態ではあるが希薄に存在する地球大気の原子分子が励起され、発光する。これがオーロラである。色の原因は、酸素原子Oは緑と赤、窒素分子N_2は赤、窒素分子イオンN_2^+は青の発光となる。

　月などの大気や磁気のない天体表面にはプラズマの残骸が堆積している。特に核融合燃料として有望なヘリウム3が月面に豊富に堆積していることが確認されており、

その利用が月開発の目標の一つとなっている。大阪大学とJAXAの研究チームは、月の周回衛星「かぐや」の観測装置を使い、地球大気にある酸素が太陽風により38万km離れた月まで届いていることを確認した。

COLUMN 絶対真空

大気圧を説明した際に、大気も重力によって地球に引きつけられ、地表を押す力（重さ）となっており、地表では平均的な大気圧が水銀の柱76センチメートルに相当する圧力すなわち1気圧＝1013hPaであることを述べた。本当の真空は0気圧＝0 Paのことを言い、絶対真空とも呼ばれるが、実現は難しい。実際にはどうしてもわずかな空気が残っており、ジェット旅客機が飛ぶ高度10キロメートルで260Paの低真空、80キロメートルで1Paの中真空状態である。大気の99.999%はこれより下にある。圧力が0.1Paより低い領域から10^{-6}Paまでを高真空というが、これは地上90〜250キロメートルに対応する。

　国際宇宙ステーションは高度約400キロメートルの地球周回軌道（低軌道）上を回っている。静止衛星の一つであるわが国の気象衛星「ひまわり」の軌道高度はこれより約100倍高い36,000キロメートルほどの所にいる。空気はまったく無いと思うかも知れないが、この高度でも圧力は10^{-13}Pa程度あり（超高真空）、窒素、酸素をはじめとする気体分子が1立方センチメートルの空間に数万〜数十万個存在している。空気分子の平均自由行程は地上の1.0×10^{-5}センチから、10^{-1}Paで約5センチに、さらにこの「宇宙」では106キロメートルに伸びている。百万キロメートル飛んで初めてもう一つの分子に出会うことができることとなる。

　成層圏および宇宙空間での有人飛行には、人が呼吸をするための酸素の供給が不可欠となる。これには、①地上で満たした酸素及び窒素のタンクを積み込む、②薄い外気を加圧して取り込む、③過塩素酸リチウムなどを主成分とするカートリッジを加熱分解する緊急用酸素発生装置、④水の電気分解などの方法がある。

　成層圏を飛ぶ民間航空機では、②の薄い外気をエンジンで圧縮した空気の一部を使って与圧して客室に送っている。機体が膨らむ負担を軽減するため、地上より低目の気圧にしている。緊急時には③を使ったマスクが客席上部から降りてくる。国際宇宙ステーションでは、①を基本とし、スペースシャトルおよび後続の補給船が補給をしている。船外の太陽光パネルで発電して④も常時使われている。2010年以降、それまで船外に逃がしていた水素を使って、呼気から出る二酸化炭素を接触還元して水とメタンにし、メタンを機外に捨てている。除ききれない二酸化炭素は吸着剤ゼオライトや活性炭で除いている。

第7章　未来を見つめて　155

カエサルの口からでた10^{22}個の空気分子やその仲間は、君たちの許に辿り着くまで、以上のようなさまざまな出来事に遭遇している。

　人類は15〜16世紀に主として帆船を使い、風の力を借りて地球上をあまねく航海し、新大陸・島嶼を発見した。20〜21世紀は宇宙へと惑星探査機が次から次に打ち上げられ、わが国では2010年小惑星探査機はやぶさが「いとかわ」からサンプルを持ち帰ったことは記憶に新しい。後継機「いとかわ2」も打ち上げられており、最近では2016年12月20日にジオスペース探査衛星（ERG）を搭載したイプシロンロケット2号機が打ち上げられた。予定の軌道でERG衛星を分離、「あらせ」と命名されたこの衛星は宇宙嵐がどのように発達するのかなど、地球周辺の宇宙空間の放射線帯の謎の解明に挑む。

　欧州宇宙機関（ESA）とロシア連邦宇宙局（ロスコスモス）の共同による火星探査計画エクソマーズの無人着陸機は失敗に終わったようであるが、火星探査機は周回軌道に入っており、これから4年間火星の薄い大気の採取と分析を始めている。国際協力体制がとられていることに大きな特徴があり、広い宇宙にあって、人類をはじめとする地球生命体の永続的な繁栄に寄与することを目指して、無限の可能性を秘めた未知なる宇宙を、人類共通の財産として最大限に有効利用できるようにすることを考えて宇宙開発が進められている。どのような冒険と新しい文明を開くような発見がもたらされるか、夢と期待が広がる。

QUESTION 設問

1）あなたの身の回りで一番気になる大気汚染は何ですか。

2）本書を読んだ皆さんは、空気の成分とその量をどのようにして調べますか。

3）産業革命前と今日とでは、大気中の二酸化炭素濃度は1.5倍に増えています。地球温暖化と並行して、次の事項にはどのような影響が現れているでしょうか。
　①植物の光合成、②大理石の建物、屋外に置かれた彫刻など、③海のサンゴ礁

おわりに

分子の目線で
世界を眺め、
地球の将来を
考えよう

本書の出発点となったカエサルの死については、以下の話が伝わる。

「カエサルは3月18日、火葬壇で荼毘にふされた。一時は遺体を焼く炎が暗殺者を含む会葬者に燃え移るほど激しく燃えたが、消えかかる頃になって、今度は激しい雨が降ってきた。カエサルの遺灰は、誰かが集める前に、篠突く雨に流されてしまった。後継者のオクタヴィアヌスがようやく内乱を平定した後（紀元前28年）に皇帝廟をつくるが、そこに入るべき最初の人であるカエサルを埋葬することができなかったのは、遺灰が流れてしまっていたからである。ゆえに、カエサルの墓はない」（塩野七生著『ローマ人の物語』より）。この記述によれば、カエサルの体重の90%ほどは煙となって空気中に戻って行ったことになる。となると、21世紀の大気中のカエサル由来の分子の数は、ラストブレスからの数どころの話ではなくなる。

人は生を終えると葬られる。宗教、歴史、制度、風土などによってその形態はさまざまであるが、現代では世界的に火葬に付されることが多い。火葬では生前の体重の10%ほどが遺骨や遺灰として残るが、90%ほどは水蒸気、二酸化炭素、NOxなどとなって大気中に放出され、空気分子の仲間入りをする。

2000年に入って、「千の風になって」という歌（新井満訳詞）が日本でもポピュラーとなった。人は亡き後に風になるという視点が広く感動を与えたが、それは、詩歌の世界の話に留まらない。

米国の第35代大統領ジョン・F・ケネディーは、亡くなる年の1963年のアメリカン大学の卒業式での訓示で、冷戦下での世界平和を説き、「何といっても、我々の最も基本的なつながりは、誰もがこの小さな惑星に住んでいるということにあるのです。誰もが同じ空気を吸っているのです。誰もが子供たちの未来を慈しんでいるのです」（We all inhabit this small planet. We all breathe the same air. We all cherish our children's futures.）と述べた。

2016年ノーベル生理学・医学賞を受賞した大隅良典は、幼い頃から自然科学の本に親しみ、その中で三宅泰雄著の『空気の発見』に心を動かされ、科学に興味を持ったと記している。その語り口は、著者自身による挿絵と共に読者を引き込むものをもっている。

多くの読者は、空気の成分の一つ酸素が、動物・植物の呼吸や物質の燃焼に不可欠であることをすでによく知っていた。また植物は太陽光を使って、葉の葉緑体において二酸化炭素と水から糖類とセルロースを作り、酸素を生み出していることも知っていただろう。

さらに酸素分子は呼吸に使われるだけでなく、成層圏で太陽からの紫外線を受け
オゾン層を形成し、地表の生物が紫外線のダメージを受けるのを防いでくれている。
先進国ではかって、また発展途上国では現在でも、生産活動や日常生活の近代化に
伴う大気汚染で空気を汚していることもニュースで見聞きしているだろう。エネルギー
源となる化石燃料の燃焼や焼き畑農業などで酸素を使い、産業・農業を発展させ豊か
な暮らしを得てきた。その代償として、産業革命以来、こうして出てくる二酸化炭素濃
度が増え続け、0.04％とこれまでにないほど増加し、その温室効果で地球が温暖化し
ていることもよく耳にしているであろう。空気には国境がないので、地球温暖化対策に
は国際協力が欠かせないこともニュースで見聞きする。

　水蒸気も自然の温室効果ガスの一種であり、その効果は二酸化炭素の2〜3倍もあ
ると評価されるが、雲となると日光を遮る。変幻自在であり、気象の目となって雨となっ
て地上に降り、生物に不可欠な地球の水圏と行き来している。

　空気中で一番多い窒素は、酸素と違って不活性と思われがちだが、豆科植物に寄
生する根粒バクテリアによってアンモニアとなり、また雷によって窒素酸化物となる。
ハーバー・ボッシュ法と呼ばれる化学技術でアンモニアとなり、自然界では不足して
いる窒素肥料を提供している。植物に吸収されると、アミノ酸、RNA、DNAと略記され
る核酸、葉緑素、植物性タンパク質ができ上がっている。こうして植物の光合成と併せ
て、地球上73億人に穀物・野菜・果実を提供している。

　こう考えると、空気は地球上で生物が繁栄して行く上で不可欠な資源・エネルギー
の宝庫であり、生物系を通して平衡系にあることが分かる。一見無尽蔵であるが、使っ
ていると汚れてくる。できるだけきれいに使って、逆戻りできないほどの負荷を地球に
与えないよう、大切に使っていかなければならないことは明らかである。

　本書では、将来を担う中高生に、空気のこれら多岐にわたる内容を総合的に学んで
もらうことを望んでいる。いろいろ疑問が出てきたら、中高生でも解説編に挑戦し、こ
れを読んだご両親または先生、大学生のお兄さんお姉さんに質問し、理解を深めて頂
くことを希望する。

おわりに　分子の目線で世界を眺め、地球の将来を考えよう　159

発行人のことば

駿河台の日本大学理工学部9号館6階の岩村研究室を訪問したのは2009年6月30日だった。研究室には、岩村先生と石黒知子さん、NTS「分子の旅チーム」の唐木正弊社顧問、臼井唯伸、私の5名が毎月1、2度集まり、「シーザー分子」の行状を想像し、解釈し、物語編と解説編を紡ぐ作業を根気よく続け、気がつけば全編を編上げるまでに9年を要す長旅だった。

当初、シーザー分子の活動の跡を史実に基づいて辿り、科学の裏付けを踏まえつつ、歴史と化学が融合する、新しい科学の書を目指していたが、時代を下り産業革命に差し掛かる頃には、歴史目線から次第に分子自身に同化する、目線の変化が生じていた。
それは、分子の物語に入り込んだ結果もあるが、本書の主題が、酸素分子による鉄さびや山火事という自然現象から、蒸気機関で水分子が圧縮され、工場で窒素分子が高分子に変化を被り……といった分子の「激動」の姿が、「2000年も旅してきたのに」「工場で働く分子君もつらいね!」と、都市化の洗練を受ける労働者の姿と重なったからでもあった。

「分子目線」の変化と同時に、「空気とは地球上のさまざまな物体の、わけても生き物のからだを構成する素材の流通在庫に他ならないのだ」という「空気の新たな発見」の驚きもあった。
空気はさまざまなプロセスを経て生き物にメタモルフォーゼ−変身−する。地球表面をうっすらと覆う空気のメタモルフォーゼの上に人類の文明は成り立つ。地球で普遍であるだろうその生命創成のメカニズムと、地上で繁栄するAI、IoTなどの物質文明のメカニズムとが、相互に噛み合い、組み合う考え方もあると思う。

本書が、空気を通しての新しい世界観につながり、それが地球環境の改善や来るべき情報社会のよりよい方向へ向かうきっかけとなることを期待したい。
本書の読者には理科が好きな中・高校生から大学院生までを想定している。シーザー分子の運命を自らに重ね合わせ、その旅の跡を追体験することで世界を見る目は変るに違いない。本書の感想をいただければ、構想中の続編にも反映させていきたい。

2018年4月吉日
株式会社エヌ・ティー・エス
代表取締役　吉田　隆

索引 ｜ INDEX

ア行

RNA … 6,102,159
アイテール … 3
IPCC … 127,128,146
赤さび … 33,34
悪玉オゾン … 118
亜酸化窒素 … 64
圧縮空気 … 19,83,98
油絵 … 44,45,46,47
油皿のオリーブ油 … 37
アボガドロ、アメデオ … 75,77
アボガドロの分子説 … 75,77
アボガドロ定数 … 9, 75
アポロ11号 … 152
あまに油 … 45,46
アミノ酸 … 102,103,112,159
アラビア社会で芽生えた化学 … 41
アラビアンナイト … 28
アリストテレス
… 13,14,20,29,41,51,53,60,73,107,117,149
亜硫酸ガス（二酸化硫黄）… 82
アル＝ハイサム、イブン（アルハゼン）… 26,43,120
アルゴン
… 6,7,9,12,86,87,90,96,98,110,114,116
アルベド … 120,138
アレクサンダー大王 … 36
アレニウス、スヴァンテ … 123
暗反応 … 108,109
アンモニア
… 66,74,77,86,101,102,105,110,112,134,159
アンモニア合成 … 101,102
アンモニア冷凍機 … 86
アンモニウム … 90,102,105
イーカロス … 151
硫黄
… 25,32,34,41,42,66,70,73,82,102,126,147
硫黄一水銀説 … 41
イスラム教 … 14,16,38
一酸化炭素 … 32,34,64,116,117
一酸化窒素 … 66,104,105,118
いとかわ … 156
陰極 … 94,97
ウイルス … 28,30,148
ヴェスヴィオ火山 …

宇宙空間
… 62,120,121,151,152,153,154,155,156
宇宙グライダー・ヨット（IKAROS）… 122
宇宙航空研究開発機構（JAXA）… 122,155
海辺のそよ風 … 21
エアロゾル … 25,32,82,126,137,147
ATP（アデノシン三リン酸）… 6,35,102,106,108,109
H-IIロケット … 152
エーロゾル … 25
疫病の伝播 … 28
エジソン、トーマス … 96
エジソンの最後の一息 … 96
エルステッド、ハンス・クリスチャン … 95
塩化水素 … 25,66
エンペドクレス … 20
大型太陽炉 … 122
王水 … 41
オーロラ … 154
オクロ鉱床 … 135
オストワルド法 … 102,106
オゾン
… 117~120,126,129,137,141,152,154,159
オゾン層
… 6,25,116,118~120,126,129,137, 154,159
オゾン層の破壊 … 119,129
音 … 14,17,57,78,149
音の媒体 … 149
温室効果 … 6,62,120~123,126~130,137,159
温室効果ガス排出規制 … 128

カ行

カーボンフットプリント（炭素の足跡）… 129
カーマン・ライン … 153
垓（がい）… 18
『懐疑的化学者』… 60
海水 … 21,22,44,62,103,110,125,127,145,146
海水中の酸素分子 … 110
カエサル、ガイウス・ユリウス（＝シーザー）
… 4,8,9,13,15,23,26,32,33,38,82,97,
　　105,144,156,158
カエサル由来の分子 … 4,9,26,32,105,158
ガガーリン、ユーリイ・アレクセーエヴィチ … 152
化学エネルギー … 108,109,139
『化学原論』… 71

索引 ❘

化学実験の定量性 … 70
化学天秤 … 70
化学の革命 … 71
化学の父 … 68
核酸 … 6,102,159
核磁気共鳴画像法（MRI）… 91
核磁気共鳴装置（NMR）… 91
火砕流 … 24,25,36
ガス入り電球 … 96
風
… 4,17,18,19~24,26,28~30,51,85,
　　121,144,151,153,154,156,158
火星探査機 … 156
火星探査計画エクソマーズ … 156
化石燃料 … 6,82,104.110,127,129,131~134,139
化石燃料の燃焼 … 104,129,131,147,159
風と文化 … 20
風のエネルギー … 21,23,146
風の猛威 … 146
風は空気の流れ … 20
固まる空気（二酸化炭素）… 64,65,67
過炭酸ナトリウム … 67
活性炭 … 34,89,155
活版印刷 … 52
カトリック教会 … 38,51,52
カニッツァーロ、スタニスラオ … 76
可燃性空気 … 63,70
花粉 … 18,144,148
雷の放電 … 103
ガリア戦記 … 33
火力発電所 … 131
ガリレオ・ガリレイ … 50,51~54,64
ガルバノメーター … 95
カルビン、メルビル … 108
カルビン・サイクル（回路）… 108,139
カロザース、ウォーレス … 111
還元剤 … 32,34,48
還元反応 … 34,108,109,139
乾性油 … 45,46,47
感染 … 27,28,30,148
キーリング、チャールズ … 123
希ガスの発見 … 90
気球 … 59,63,73,91,144,151,152
戯曲『酸素』… 72

貴金属 … 41,42
気候変動 … 127,128,148
キセノン … 87,90,135
気体反応の法則 … 73,75,94
絹フィブロイン … 112
帰納法 … 51
キャヴェンディシュ、ヘンリー … 63,65,90
吸気 … 8,9,12,82
京都議定書 … 128,130
極偏東風 … 23
魚群探知 … 150
霧 … 25,82
ギリシャ神話 … 36,45,151
キリスト教 … 14~16,26~28,37,100
緊急用酸素発生装置 … 155
金属マグネシウム … 61,90
空気塊 … 18~21,85,149
空気組成とその変化 … 6,12,25,110,116,117
空気と大気 … 5
『空気と火の研究』… 67
空気の液化 … 86,89
空気の重さ … 51,52,54,59
空気の成分 … 25,30,46,69,87,89,141,156,158
空気の分溜 … 86
空気分子
… 4~6,8,12,18~20,23,27,38,44,81,84,87,98,
　　103,111,117,121,144,149,153,155,156,158
空気を圧縮する … 83
グーテンベルグ、ヨハネス … 52
くしゃみ … 19,28,30
『グスコーブドリの伝記』… 126
グライダー … 122,151
クリスマス・レクチャー … 95,114
グリセルアルデヒド-3-リン酸（GAP）… 108
クリプトン … 87,90,96
クルアーン（コーラン）… 16,41
クルックス卿、ウイリアム … 97,100,101,114
グルコース … 35,107,108,109,120,132
グレアム、トーマス … 111
黒さび … 34
黒田和夫 … 136
クロロフルオロカーボン（CFC）… 119
クロロプラスト … 107
京（けい）… 18

ゲイ=リュサック、ヨーゼフ・ルイ … 73,75,94

ゲーリケ、オットー・フォン … 57,58,63

月面着陸 … 152

ケネディー、ジョン・F … 158

原子説 … 13,14,56,74,97

賢者の石 … 42

原子力発電 … 131,133,135

元素の周期表 … 76

元素の定義 … 71

検流計の発明 … 95

降雨量 … 148

『光学の書』… 26,27,120

高気圧 … 21,22,82

航空機産業 … 152

光合成
… 6,103,107~111,120~123,132,136,139,140,159

膠質（コロイド）… 25,111

鋼鉄の溶接 … 88

高分子の発見 … 111

コークス … 32

氷 … 23,48,82,88,103,120,138,150

呼気 … 8,12,19,23,64,82,116,123,144,155

呼吸回数 … 12

呼吸法 … 16,17

国際宇宙ステーション … 155

国際バイオディーゼル・デー … 84

黒死病 … 27

ゴダード、ロバート … 152

固体放射 … 37

古代ローマ・ギリシャ文化 … 15

コペルニクス、ニコラウス … 50,51

コリオリの力 … 21,153

コロナ、太陽の … 154

コロンブス、クリストファー … 29

コンプレッサー（圧縮機械）… 83

サ行

載（さい）… 18

最後（期）の吐息（ラストブレス）… 4,9,158

最初の飛行 … 59,63,144,151,152

再生可能エネルギー … 128,129,134,137,138

定比例の法則 … 73,74

サッチャー、マーガレット … 127

砂鉄 … 34

砂漠化 … 127,148

酸化
… 6,25,32,34,35,46,48,65,69,94,101~106,108,
133,139,140

酸化鉄 … 34

酸化反応 … 32,46

酸化水銀 … 42,65,69,71

酸化マグネシウム … 61

産業革命
… 6,23,80,81,82,83,103,117,123,130,156,159

酸性雨 … 25,47,147,

酸素
… 6,7,9,12,17,24,25,32~35,37,38,42,46~48,50,
61,63,65~68,72~75,77,86~90,94,96,101,
103,105,107~110,112,113,116,118,120,
125,134,136,137,139,140,159

酸素吸入 … 74,88

酸素原子のスクランブル … 38

酸素サイクル … 120

酸素濃度 … 12,34,37,88,110,116,137

酸素の作り方 … 67

酸素の発見 … 65~68,70,72,89,107

酸素の命名 … 70

酸素ボンベ … 88

三圃制 … 100

シアノバクテリア（藍色細菌）… 103,110

COP … 127,128,130

シェーレ、カール・ウイルヘルム … 65,66,67,68,72,89

ジェット気流 … 22,23

ジェラッシ、カール … 72

紫外線 … 110,118,119,120,140,1159

自然エネルギー … 5,121,129,133,135,138,145,146

自然界の窒素循環 … 106

『自然哲学の数学的諸原理』（プリンキピア）
… 55,149

漆喰 … 44,47,48

質量保存の法則 … 68,70,73,74

自動酸化 … 46

ジャービル・イブン＝ハイヤーン（ゲーベル）… 41

シャボン玉 … 18,19

シャルル、ジャック … 57,63

宗教 … 11,14~16,36,38,50,52,158

宗教戦争 … 15

宗教と息 … 16

十字軍 … 26,27,42,100
シュタール、ゲオルク … 61
硝化 … 105,106
蒸気機関 … 80,81,82,103
蒸気機関の仕組み … 80
硝酸塩 … 102
硝酸ソーダ … 105
小惑星探査機はやぶさ … 156
ジョーンズ、ブライアン … 144
触媒
 … 33,42,101,102,104,108,112,134,135,139,140
植物プランクトン … 110,123,137,139,145
初速度 … 19
シリコン文明 … 113
シルクロード … 26
ジルコニウム … 133
新エネルギー・産業技術総合開発機構（NEDO）
 … 146
真空
 … 13,14,53,54,57,78,91,96~98,114,122,154,155
真空ポンプ … 57
人工光合成 … 121,139,140
森林神話 … 131
水銀 … 9,41,42,54~56,65,67,68,69,155
水銀柱 … 9,54,55
水車駆動の吹管 … 83
水蒸気改質反応 … 101
水性ガスシフト反応 … 102,134
水素
 … 7,25,48,62,63,65~67,70,73~75,77,90,91,94,
  97,101,102,110,112,113,117,125,129,
  133~135,140,147,152~155
水素気球 … 63,73,152
水素製造 … 94
水素の発見 … 62,63,65
水素の命名 … 70
スチール・ウール … 33
スプレー缶 … 85
スペースシャトル … 155
スマートグリッド … 138
スモッグ … 25,82,83,117,118
正（せい（単位）） … 18
精（エリクシール） … 40
製紙法 … 52

聖水 … 38
精製法 … 25,41
成層圏 … 8,23~25,118~120,137,151~155,159
成層圏の風 … 153
成層圏飛行 … 152
製鉄炉 … 34
青銅器文明 … 41
西洋絵画 … 47
精錬法 … 33,34,41,61
ゼオライト … 89,155
世界風力会議（GWEC） … 145
絶対真空 … 155
セメント工業 … 131
セルロース … 109,111,132,158
繊維 … 111,112
戦車 … 32,33
ソーラーセイル … 122
ソナーや測深機 … 149
空の青色 … 87
ゾロアスター教 … 36

タ行
たいまつ … 32
ダ・ヴィンチ、レオナルド … 46,45,46,47,60
ダークマター … 62
大気圧（1013 hPa） … 19,53,54,57,81,83,122,155
大気汚染 … 82,104,117,147,156,159
大気圏外 … 153
大気浄化法 … 82
大気の総量 … 5
大気の浮力 … 151
大航海時代 … 29
体積組成 … 87
代替フロン（ハイドロフルオロカーボン、パーフルオロ
カーボン、六フッ化硫黄） … 119,126
太陽光
 … 26,27,65,69,87,108,110,117,120~123,
  126,137,139,155,158
太陽光圧 … 121,122,
太陽光発電 … 113,121,129, 138
太陽の熱と光 … 120
太陽風 … 154,155
確かな実験と観察 … 60
脱酸素剤 … 34

脱出速度 … 152
種子島宇宙センター … 152
タングステンフィラメント … 96
炭素アーク電球 … 95
炭素性エアロゾル … 82
炭素繊維 … 112
炭素フィラメント … 96
断熱圧縮 … 83,84,86,153
断熱膨張 … 83,84,85,86
タンパク質 … 6,18,103,106,111,139,159
地球温暖化
… 5,6,123,126,127,139,146,147,156,159
地球冷却気体 … 121
地球球体説 … 29
地磁気 … 73,154
窒素
… 6,7,9,12,24,33,62,64~67,70,73~75,77,86,87,
　89,90,100~106,110~116,126,131,135,139,
　144,147,154,155,159
窒素固定 … 100,103~106
窒素サイクル … 106
窒素酸化物（NOx）
… 33,103,104,114,117,119,147,158,159
窒素循環 … 105,106
窒素の命名 … 70
窒素の役割 … 105
窒素肥料 … 6,100,102,104,105,139,159
地動説 … 50,51
中間圏 … 153,154
中世農業革命 … 100
中鉢繁 … 118
兆（ちょう）… 18,128
超音速 … 149,150
超音波 … 149,150
超音波画像検査法 … 149
超高真空 … 155
彫刻（石膏）… 15,47
超伝導電磁石 … 91
地理学上の大発見時代 … 29
チリ硝石（ソーダ硝石）… 105
ツエッペリン、フェルディナント・フォン … 151
使い捨てカイロ … 33,34
土
… 13~16,24,41,61,102,105,107,129,132,138,147,148

DNA … 6,102,103,111,119,148,159
ディーゼル、ルドルフ … 84
ディーゼルエンジン … 84,103,119
哲学者 … 13,14,42,57,107
哲学者の石 … 42
鉄器時代 … 33
鉄鉱石 … 34,101,104
鉄さび … 34
鉄粉 … 33,34
デモクリトス … 13,14,74
デモクリトスの原子説 … 13
電気
… 5,75,84,93~95,98,101,113,133,134,140,155
電気化学的序列 … 94
電球 … 87,93,95,96,98
『天体の回転について』… 50,51
『天体論』… 29
電池 … 93,94,113,122,133~136,138,140,145
電池の発明 … 93
天然ゴム … 111
天然痘 … 30,148
デンプン … 18,109,111,132
テンペラ絵画 … 45
『天文対話』… 50
動植物の呼吸 … 60,158
灯明（ロウソクなど）… 36,38
トーマス・エジソンの最後の一息 … 96
毒のある空気（窒素）… 65,67,70
トリチェリ、エヴァンジェリスタ … 54,78
トリチェリの気圧計 … 58
トリチェリの真空 … 54,57
ドルトン、ジョン … 14,74,75,76,77,97
ドルトンの原子説 … 74,97

ナ行

ナイロンの合成 … 111
ナトリウム … 67,133
難溶性炭酸塩 … 125
二酸化硫黄 … 25,32,34,66,82
二酸化ケイ素 … 113
二酸化炭素
… 6,7,12,17,23,25,32,34,35,37,38,44,47,48,62,
　64,67,73,86,87,90,107~110,116,120,
　123~128,129~135

索引　V

二酸化炭素濃度を減少させる … 131
二酸化炭素の温室効果 … 126
二酸化炭素の海中への溶解 … 125
二酸化炭素排出量 … 127
二酸化炭素を資源にする … 139
二酸化窒素 … 66
二酸化マンガン … 66,67
ニトロゲナーゼ … 102,104,106
ニューコメン、トーマス … 80,81
ニュートン、アイザック … 55,56,149
ネオン … 6,7,12,87,90
熱気球 … 59,63,144
熱気球の日 … 59
熱圏 … 153,154
熱輸送 … 138
燃焼
… 32~39,46,60,64,66,68,69,70,116,117,120,
　129,131,152,153,159
燃素(フロギストン) … 60,61,63,65~70,107
燃料電池 … 133,135,136
燃料電池自動車 … 133

ハ行

ハーバー、フリッツ … 101,102, 104
肺 … 12,17,96,147
肺活量、肺換気量 … 9
肺ペスト、肺ペスト菌 … 27,148
バイオディーゼル … 84
バイオマス … 6,109,117,120,129,132,133,137
鋼(はがね)の精錬法 … 33
白熱電球 … 87,93,95,96,98
『博物誌』 … 24,34
爆薬TNT … 106
パスカル、ブレーズ … 55
発電機の発明 … 95
ハヌカの祭り … 36,37
パリ協定 … 128,130
『パンセ』 … 55
半透膜 … 111
ハンプソン、ウイリアム … 86
万物の創造主 … 14
万有引力 … 55,152
火
… 13,14,19,24,25,36,37,41,42,47,60,64,66~68,

70,107,116
ピーナッツ油 … 84
ピカール、オーギュスト … 144,152
ピカール、ベルトラン … 144
光化学オキシダント … 117,128
光化学スモッグ … 25,117,118
光触媒効果 … 140
光の屈折 … 26,43
卑金属 … 41,42,56
ヒドロクロロフルオロカーボン(HCFC) … 119
ピナトゥボ火山 … 126,137
ビニロン … 112
比熱 … 21
火の空気(酸素) … 66,67
飛沫感染 … 28,30,148
病原体 … 128,148
標準状態 … 9,63,116,119
氷床に閉じこめられた空気 … 23
表層土 … 148
表面張力 … 19
ピロ亜硫酸カリウム … 34
ファラデー、マイケル … 38,95,114
ふいご … 19,20,25,34,51,83
V2ロケット … 152
風船 … 18,19,55,59
風力エネルギー … 145,146
風力発電 … 138,145,146
フェーン現象 … 85
フェーン風 … 85
吹きざお、火吹き筒 … 19
複合(コンパウンド)圧縮機 … 84
藤嶋昭 … 140
『二つの新科学対話』 … 51
フッ化水素 … 25
船乗りシンドバッド … 28
ブラウン、ロバート … 18
ブラウン運動 … 18,25
プラスチックの世紀 … 112
プラズマ … 38,62,103,154
プラズマ状態 … 62,154
ブラック、ジョゼフ … 64,65
フランクリン、ベンジャミン … 66,93
フランス革命 … 66,71
プリーストリー、ジョゼフ … 60,64~69,72,107

プリニー式噴火 … 24,25,30
プリニウス、ガイウス・セクンドゥス（大プリニウス）
… 24,25,34
ブリューワー・ドブソン循環 … 153
プルースト、ジョーゼフ … 73
フレスコ画 … 44,47,48
不老長寿 … 40,60
ブローパイプ … 19
フロギストン仮説 … 61,68
フロギストンと結びついた空気 … 65,67
フロギストンを抜いた空気 … 61,63,66～69,107
プロメテウス … 36
フロン … 119,129
分子の目線 … 4
平均自由行程 … 18,155
ベーコン、ロジャー … 40,42,43
『ペーター・カーメンチンド』… 85
ペスト菌 … 27
ヘッセ、ヘルマン … 85
ベッヒャー、ヨハン … 61
ヘリウム … 12,62,87,88,90～92,110,144,154
ヘルクラネウム … 24,33
『ヘルメス文書』… 41
ヘルモント、ヤン・バティスタ・ファン … 64
ベルヌーイの定理 … 151
偏西風 … 21～23,29,30,144,153
ヘンリー・フォード博物館 … 96
ヘンリーの法則 … 125
ボイル、ロバート … 56,78
ボイル＝シャルルの法則 … 57,84,125
ボイルの法則 … 56
貿易風 … 22,23,29
放射線帯 … 156
補酵素NADPH … 108
ボッシュ、カール … 101,102,104
ボッティチェッリ … 44
ホフマン、ロアルド … 72
ホラーサーン … 16,41
ポリアクリロニトリル … 112
ポリウレタン … 112
ポリエチレン 112
ポリ塩化ビニル … 112
ポリスチレン … 112
ポリプロピレン … 112

ボルタ、アレッサンドロ … 93,94
本多健一 … 140
ポンペイ … 24,33
ポンペイウス、（グナエウス）… 15

マ行

マグデブルクの半球 … 57,
マグマの海（マグマオーシャン）… 62
マゼラン、フェルディナンド … 29
豆科植物 … 102,104,159
マルサスの『人口論』… 100
マントルの熱源 … 135
ミケランジェロ … 44,45
水
… 6, 12,14,20,25,32,38,62,63,70,73,75,77,80,
　81,82,83,85～87,90,95,101,103,110,116,120,
　121,123,125,126,131,134,153,158,159
水のエアロゾル … 25
水の電気分解 … 94,101, 134,140,155
蜜蝋キャンドル … 37
ミトコンドリア … 35
宮沢賢治 … 20,126
明反応 … 108,109
メイヨウ、ジョン … 60
メタンハイドレート … 23
メンデレーエフ、ドミートリー・イヴァノヴィッチ … 76
毛管現象 … 37
燃える空気（＝水素）… 24,67
燃える土 … 61
木材 … 47,132, 133
木炭 … 25, 34,46,61
木版印刷 … 52
『モナ・リザ』… 46
靄 … 25
モンゴルフィエ兄弟 … 59, 63

ヤ行

有人宇宙飛行 … 152
湯気 … 25,153
油脂の燃焼 … 38
ユダヤ教 … 14,15,36
陽極 … 94, 97
溶鉱炉 … 34,83, 131
揚力 … 91, 151

索引　VII

葉緑素 … 6,102,108,139,140,159
四元素説 … 13,41,73

ラ行
ライデン瓶 … 93,
ライト兄弟（三男ウィルバーと四男オーヴィル）… 152
ラヴォアジエ、アントワーヌ … 60,65~69,71~73,76
ラグランジュ … 72
ラザフォード、ダニエル … 65,70,92,98
ラドン … 87,90
ラファエロ … 44
ラムゼー、ウイリアム … 90,91,98,114
ラングミュア、アーヴィング … 96,98
リグニン … 132
陸風 … 21
リチウムイオン電池 … 134
リチウム空気電池 … 136
硫化水素 … 25
硫化水銀 … 42
硫酸 … 25,32,34,63,67,93,101,102,126,137,147
硫酸のエアロゾル … 25,32,137
良好な空気 … 61
リンデ、カール・フォン … 86
ルネサンス … 15,17,44
レイリー卿 … 87,90,98,100
レヴェル、ロジャー … 40,42,43,123
レウキッポス … 13
レスター手稿 … 46
錬金術（アルケミー）… 40~43,56,60,61,100
錬金術と近代科学 … 40
ロウソク … 37~39,60,61,65,66,68,95,107,116
『ロウソクの化学史』（『ロウソクの科学』）… 38,95
ロウソクの仕組み … 37
ローレンツの力 … 154
ロケットエンジン … 152
ロジェ気球 … 144
論文を印刷する … 52

ワ行
ワイン … 34,
和算で使う数字の単位 … 18
ワット、ジェームズ … 80,81,145,120